經營顧問叢書 ⑳

行政部流程規範化管理（增訂二版）

王建新　編著

憲業企管顧問有限公司　　發行

《行政部流程規範化管理》增訂二版

序　言

一套健全的行政管理制度和合理的管理方式，對於企業的意義十分重大。

企業行政管理體系是企業的中樞神經系統，擔負著企業的管理工作，能夠創造有序的內部環境，推動和保證企業的各環節有序進行、相互之間的協調。為企業的發展提供強有力的支援。

有效的行政管理制度，使繁瑣變得簡單，使雜亂變得有序，為企業在激烈的市場競爭中，奠定了堅實基礎。

把工作流程與規範管理落實，進而落實到人力資源部門的每一個工作崗位和每一件工作事項，是高效執行精細化管理的務實舉措，只有層層實行規範化管理，事事有規範，人人有事幹，辦事有標準流程，工作有方案，才能提高企業的整體管理水準，從根本上提高企業的執行力，增強企業的競爭力。

本書介紹行政部門的每一個工作流程與制度，包括工作事項、敘述具體的職責、制度、表格、流程和方案，是一本關於

行政部門規範化管理的實務工具書。

本書在 2014 年增補、修正，增加更多的實際運作出現的行政管理問題，本書是行政管理人員開展工作的範例庫、工具書和執行手冊，適合企業管理者、行政主管、行政崗位的工作人員，以及所有有志於企業行政管理工作的讀者。

2014 年 5 月

《行政部流程規範化管理》增訂二版

目　錄

第 1 章

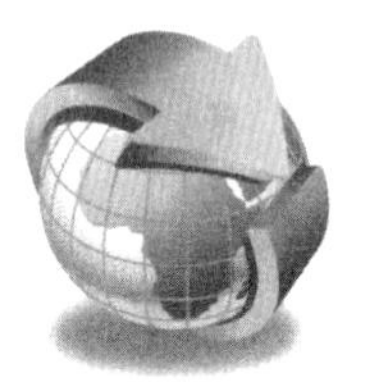

行政部的組織結構與職權

第一節　行政部的組織結構

一、行政部組織結構

由於企業所屬行業和規模不同，企業行政組織的結構也不盡相同。下列是依據行政部行使職能的分類而設定的組織結構，如圖1-1-1 所示。

行政部的組織結構設計必須為實現企業戰略任務與經營目標服務，應根據專業分工與協作要求進行崗位安排。只有制定合理的行政組織結構才有利於行政工作的開展，達到以下目的。

· 能促進行政目標的實現。

· 有利於穩定人員情緒，激發人員的工作積極性。

· 能促使行政組織系統保持良好的溝通關係。

· 是提高行政效率的重要前提。

圖 1-1-1　行政部組織結構

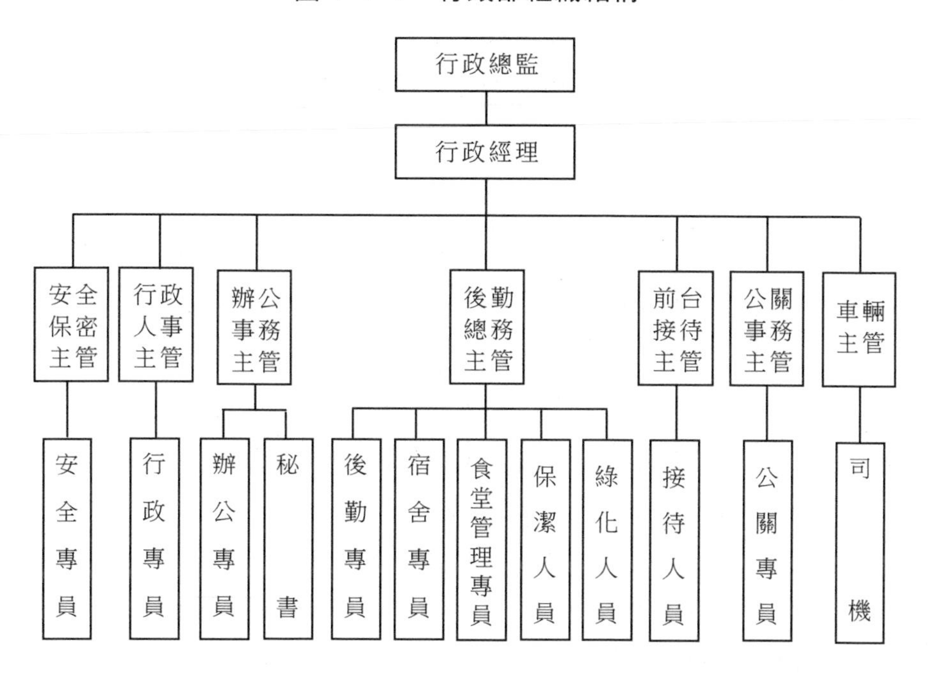

根據企業的發展階段、行業差別等因素，行政部可分為職能型、綜合型和混合型等不同類型。不同的企業應該根據自身條件設置符合業務開展的行政組織結構。

1. 職能型行政事務組織結構

職能型行政管理組織結構的基本特點有以下 4 點。

· 適合標準化的大、中型現代企業。

· 行政事務工作從企業行政事務管理範圍中分離出來，成為獨立的職能部門，總務和辦公室主任要負責行政管理的事務型工作。

· 負責對管理部、人事部、財務部等工作的控制、指導。

· 通過專業化和崗位權責來體現不同工作崗位的相應職能。

職能型行政組織結構要求企業崗位細分，專人專責，行政主管的指導、管理行為稍弱，它符合現代標準化企業管理。

圖 1-1-2　職能型行政組織結構圖

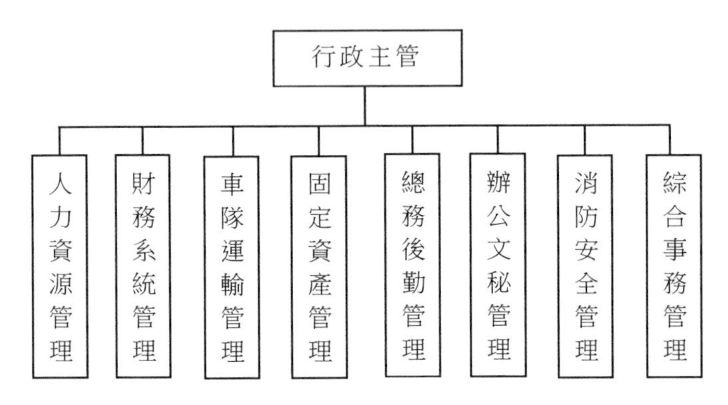

2. 綜合型行政事務組織結構

綜合型行政管理組織結構的基本特點有以下 3 點。

· 適合於小型現代企業。

· 行政主管肩負企業管理的政務工作，其他行政人員負責行政管理的事務性工作。

· 事務較多，但工作人員數量較少，往往一個人身兼數職。

綜合型行政事務組織結構適合一些小型企業或尚處於剛剛發展中的企業，一方面它擁有靈活的機制，另一方面它也避免了人力資源的浪費。但這種機制在一定程度上過於依賴個人，需要行政主管對工作內容有清晰的執行思路。

圖 1-1-3　綜合型行政事務組織結構圖

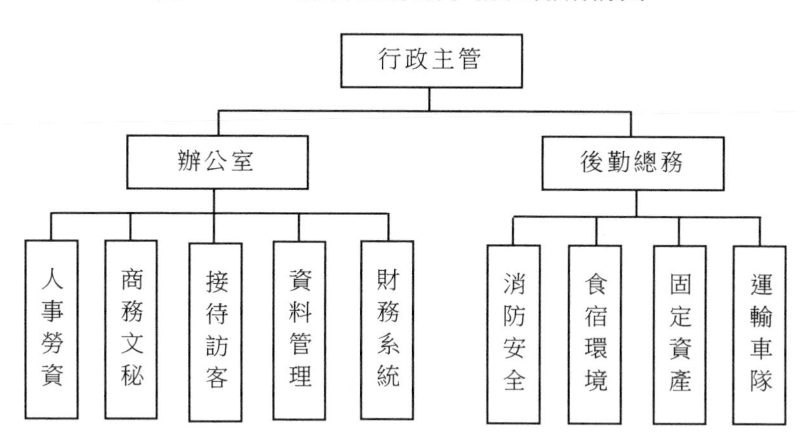

3.混合型行政事務組織結構

混合型行政事務組織結構如圖 1-1-4 所示。

圖 1-1-4　混合型行政事務組織結構圖

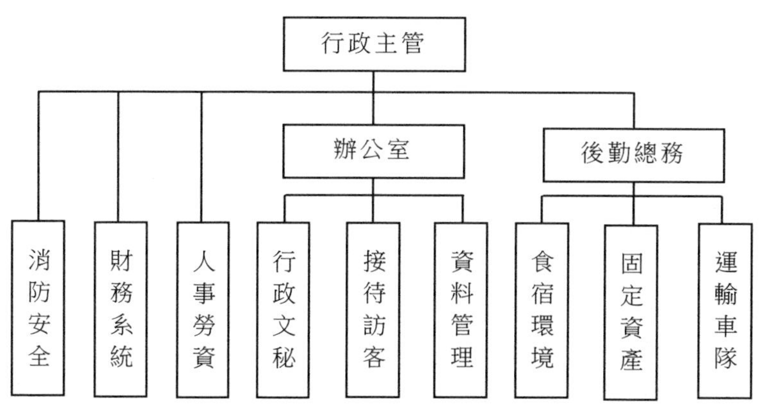

混合型行政事務組織結構具有結構靈活和職能管理的雙重特點，它為大多數現代企業所應用。在現代企業中，可以根據企業經營的側重點，對相關崗位是綜合管理還是職能獨立管理進行靈活定位。行政主管主要肩負行政事務的總體管理工作，而獨立管理部份主要由專門的工作人員負責。

對於行政主管來說，瞭解了行政組織結構以後，就可以有針對性地對所在企業的行政組織結構進行規劃與設計。

第二節　行政部經理的工作崗位職責

一、行政總監的工作崗位職責

行政總監負責公司接待、辦公、安全保衛、後勤總務、公關等行政管理工作的組織實施，確定公司行政管理工作各項制度、規劃，其主要工作職責如下所示。

· 審查核准辦公、行政、總務、安全保衛、公關等行政管理相關規章制度

· 審查核准辦公、行政、總務、安全保衛、公關等各主管年度計劃方案

· 根據企業階段性目標和年度計劃，制定所屬部門的年度目標、計劃和措施

· 組織行政部自查和職能檢查工作，及時發現問題、解決問題

· 負責企業文化建設，籌劃增強員工凝聚力的宣傳和教育方案

· 負責比較重要的對外接待、聯誼、公關事宜的組織、安排和實施

· 組織公司有關法律事務的處理工作，指導、監督、檢查公司保密工作的執行情況

· 負責考核行政部各主管並向總經理提請行政部經理考核的建

議

· 負責行政部突發事件的處理及總經理臨時交辦的工作

二、行政經理的工作崗位職責

行政部經理的主要工作是在行政總監的直接領導下，全面落實接待、辦公、安全保衛、後勤總務、公關等行政管理工作，其主要工作職責如下所示。

· 在行政總監領導下，負責管理和監督企業的行政、後勤總務、環境和保衛等工作
· 確立行政管理方針、政策和制度。指定人事管理和辦公、行政管理的有關規章制度
· 負責組織季、月行政後勤、保衛工作計劃
· 本著合理節約的原則，編製後勤用款計劃，做好行政後勤預算工作
· 組織收集各部門的工作動態，協助公司領導協調各部門之間相關的業務工作
· 做好公司重要來賓的接待工作或代表公司與政府對口部門和有關團體、機構聯絡
· 負責召集公司辦公會議，檢查督促公司各項工作落實情況
· 貫徹落實本部崗位責任制和工作標準，加強與有關部門協作配合
· 負責召集本部門的有關工作會議
· 負責組織編寫公司年度大事記
· 負責行政部突發事件及公司臨時交辦事件的處理

第三節　行政部的職權

一、行政部權責

行政部負責貫徹公司指示，做好上下聯絡溝通工作，及時反映情況、回饋資訊；做好各部門間相互配合、綜合協調工作；以及對各項工作和計劃的督辦和檢查。行政部受行政總監領導，直接向行政總監報告工作，部門職責如下所示。

· 根據公司發展戰略，負責起草重要文稿，牽頭或協助公司的規劃研究
· 負責全公司資料、資訊管理以及宣傳報導等日常行政事務管理工作
· 公司會議組織、記錄及記錄歸檔工作
· 員工考勤、出勤統計、報表、分析等人事管理工作
· 負責前台接待、客人來訪登記迎送等招待工作
· 負責公司日常安全保衛及消防管理工作
· 負責公司車輛調動管理工作
· 負責公司總務後勤管理工作
· 負責公司對外宣傳、公關工作
· 牽頭組織危機管理委員會，制定危機處理預案
· 完成公司高層臨時交付的工作

為了保證公司各項規章制度的良好運行及行政管理工作高效展開，行政部擁有行政工作檢察權、建議權及對違反制度的處罰提起權，其具體權力如下所示。

· 根據公司總體戰略規劃，對公司經營計劃有建議權
· 依照制度，有對行政稽查中發現的問題實施處理的權力
· 依照制度，按規定程序，有實施對其他部門處罰的建議權
· 依照制度，有對公司員工違反行政制度的處罰建議權
· 依照制度，有對公司行政資源(包括車輛、辦公設備等)合理調動的權力
· 有對部門內部員工聘任、解聘的建議權

二、行政部的職能

行政部是企業的綜合辦事部門。其核心職能主要包括以下四個方面。

1. 參謀職能

行政部不僅應在日常事務方面做好上級的「參謀」和「助手」，更應在經營理念、管理策略、企業精神、企業文化及用人政策等重大問題上有自己的見解，從而真正成為上級不可或缺的人。

2. 溝通職能

行政部應清晰傳達上級的指令，溝通、協調各部門之間的工作，保證高效地完成任務。

3. 管理職能

行政部擔負著文件歸檔、辦公自動化、人員接待、車輛調度、總務後勤(衛生、食堂、員工宿舍)、安全保衛等工作。

4. 服務職能

行政部應積極為各職能部門提供後勤保障。

第 2 章

行政部的員工禮儀管理

行政部對外有接待應酬，對內有協調關係等工作，在這些工作過程中，行政人員代表企業的形象，因此，行政主管要加強辦公禮儀的管理，塑造良好的職業形象。

具體而言，辦公禮儀管理包括塑造員工的交際禮儀、精神風貌，以及維護企業在各種活動中的形象等。

良好的企業形象更容易獲得客戶的信賴。企業形象的維護需要管理者和員工從工作中做起，包括自身形象和部門形象的規範管理和嚴格要求。下表為員工禮儀形象管理的內容。

表 2-1　員工禮儀形象管理的內容

內容	說明
行政人員的形象	從行政人員的服飾儀容、言行舉止、人際交往 3 個方面深入說明行政人員在工作中如何維護自己的職業形象
辦公室環境管理和禮儀要求	辦公室的環境體現辦公人員的工作風氣和精神，包括對辦公室硬環境和軟環境的管理
員工的個人禮儀和工作禮節	包括員工的儀表、著裝、動作姿態、工作禮節和工作品質等

第一節　行政人員的禮儀管理

在企業中，行政人員只有保持得體的服飾儀容、言談舉止以及人際交往形象，才能做好自己的工作。

行政人員的形象具有二重性，一方面代表他本人，另一方面代表行政部及企業的形象。因此，行政主管要加強對部門人員形象的管理。

表 2-1-1　行政人員工作形象的具體內容

內容	內容說明
服飾儀容	包括服飾管理的基本要求、國際公認的 TPO 衣著原則
言談舉止	對交談和行為中需要的要點進行說明，包括自身形象、自身修養、舉止和談吐等
人際交往	對人際交往中的技巧要點，以及怎樣處理好與同事，上司和下屬的工作關係進行

1. 行政人員的服飾儀容管理

行政人員的著裝要得體，適應公務禮儀的要求，讓自己的職業形象充滿魅力。

在具體的服飾儀容管理上，應男女有別，具體要求包括兩個方面。

· 對於男士來說，應不留長髮，不染髮，不留鬍鬚並且每天刮鬍子，上班著裝或工作服。

· 對於女士來說，上班著裝應端莊得體，顏色素雅，穿長統絲襪和深色皮皮鞋。襪口不能露在裙口外面，襪子不能有破洞。

佩戴首飾要適當，髮型要整齊。

2.行政人員的言行舉止管理

在工作中，行政主管要擁有良好的口才以及規範的禮儀、禮節，從而能獲得好的交際效果。表 2-1-2 為肢體語言的分類說明。

表 2-1-2 肢體語言的分類說明

類別	說明
手勢語言	手勢語包括請的手勢、指示方向的手勢、介紹的手勢、握手的手勢、舉手致意的手勢和揮手告別的手勢等
目光交流	目光交流是通過眼睛來反映心理，表達情感
身勢語言	身勢語指的是坐勢語。男性伸開腿而坐，意為「自信」、「豁達」，女性並腿而坐，意為「莊重」和「矜持」等
面部語言	面部語言指通過面部肌肉的變化來表達感情。主管人員一方面要準確、貼切地運用自己的面部表情，表達自己的意圖，另一方面要善於察顏觀色」，通過對方的面部語言，把握對方心理

通過對肢體語言進行詳細的分析，能使行政主管更好地把握自己的言行舉止，在工作中樹立良好的職業形象。下面是樹立良好職業形象的一些細節規範。

· 走路時身體要挺直，速度適中，步子穩重，給人以正派、積極和自信的印象。

· 進入別人的辦公室之前，要輕輕敲門，得到允許方可人內。

· 開、關門的動作要輕，不要發出聲響。

· 不在工作崗位上吃零食、刮鬍子、看小說和打瞌睡。

· 不高挽袖口、褲腳，不叼著煙在辦公室裏到處亂逛。

· 不在工作場合叫對方的小名或綽號，也不在工作場合稱兄道弟。

· 在辦公室講話聲音要輕，工作時要面帶微笑。

3.行政人員的人際交往管理

行政人員在人際交往中表現出來的態度影響著自己的職業形象。

表 2-1-3　人際交往技巧的說明

技巧	內容說明
肯定對方	要接納對方，尊重、理解對方，談論對方感興趣的話題，同時要學會聆聽，做到用心、耐心和虛心，牢記對方的姓名，善於從對方角度考慮問題
真誠	帶著真心、善心、平常心和寬容心與人交往，對自己的不足有所認識，能聽從別人的勸告，勇於承認和改正自己的不足
信任	在交往中，要信任他人，這也是讓對方信任自己的基礎
克制	與人相處，難免發生摩擦，克制會起到「化干戈為玉帛」的效果。不過，克制應做到有理、有利和有節
自信	在人際交往中應表現出自信，以積極的態度面對工作中遇到的困難
熱情	在人際交往中，應主動問候，常說「我們」，學會欣賞和製造幽默
保持距離	社交距離一般在 1～3.5 米之間。其中，1～2 米通常是在交往中處理私人事務的距離；2～3.5 米是商務會談的距離；交談時，最佳的距離為 1.22～2.13 米
保留意見	在人際交往中，應學會適時地保留意見，不與對方產生正面衝突

在與他人進行交往時，除了要瞭解對方的性格外，還要掌握正確的人際交往技巧。

行政人員必須保持良好的人際交往形象，做好本職工作。對於行政主管來說，在工作中，還要處理好與同事、上司和下屬的工作關係，這是人際交往的核心內容。

· 行政主管在與同事相處時，要做到相互關心和幫助。相互之間保持平等、真誠的合作關係。

· 行政主管與上司交往的基本原則是服從命令，維護上司的威信，做到不卑不亢，即使上司對自己信任有加，也要以禮相待，不要隨便越位。

· 行政主管要真誠地對待員工，尊重他們，關心、幫助他們的生活和工作。

第二節　辦公室環境的禮儀管理

我們把影響工作人員的心態和行為的各種因素總稱為辦公室環境，具體又分為硬環境和軟環境。表 2-2-1 為辦公室硬環境和軟環境的說明。

表 2-2-1　辦公室的硬環境和軟環境

類別	內容說明
辦公室硬環境	包括辦公室內空氣、光線、顏色以及辦公室的佈置等外在條件
辦公室軟環境	包括辦公室的工作氣氛，工作人員的職業形象，個人素養和團隊凝聚力等社會環境

1. 辦公室硬環境的管理

行政部作為企業經營的輔助性管理機構，辦公室硬環境要明快、整潔、方便和實用。其基本原則包括以下 4 個方面。

(1)辦公室的位置應本著便於溝通與協調的原則。

(2)與其他部門接觸較多的崗位，例如，總機、收發和傳達等，應設在人員進出的地方。

(3)綜合、文書等崗位，設在辦公室的中心位置。

(4)打字、財務等崗位，設在相對隱敝的位置。

行政部事務繁多，為了便於工作，在座位的安排上要考慮以下幾個方面的細節。

· 辦公桌按照對稱的原則和工作程序的順序排列。
· 工作人員朝同一個方向辦公。
· 座位之間的通道適宜，以事就人，不以人就事，以免往返浪費時間。
· 管理人員位於後方，以便於監督，同時，避免管理人員接洽工作時分散工作人員的注意力。
· 常用設備放在使用者最方便的地方。

在現代化企業中，辦公傢俱應美觀、實用、簡潔和明快。根據實際情況，辦公室應設置檔案櫃、旋轉式卡片架和來往式檔槽，便於隨時保存和查閱必要的資料、文件和卡片。

行政人員有責任和義務維護辦公區域的整潔，具體而言，應做好以下 10 項工作。

· 保持桌面清潔，桌面整齊、美觀。
· 離開辦公室前，應做到電腦關機、抽屜上鎖、桌面整潔和座椅歸位。
· 下班後，最後離開的員工應檢查門窗和水電是否關好，鎖好門方可離開。
· 不在辦公室的通道處擺放物品。
· 使用後的辦公用品歸位，報紙雜誌閱後放回原處。

・不亂扔雜物。

・雨傘不亂擺亂放。

・進入辦公區前擦淨鞋底，不將水漬、汙物帶人。

・不得將個人物品長時間存放於辦公室內。

・隔離板或牆面上不得粘貼圖畫或飾物，與工作有關的紙張只能用透明膠紙粘貼，嚴禁用圖釘固定。

2.辦公室軟環境的管理

辦公室人員的素質高，關係融洽，凝聚力強，對工作往往能起到事半功倍的效果，反之，則會嚴重影響工作。因此，辦公室軟環境的建設比硬環境的建設更為重要。

前面的內容中，對辦公人員的工作形象、言談舉止等做了一系列的規範說明，這是維持辦公室軟環境的基本要求。此外，在辦公室軟環境管理中，還可以考慮以下的細節。

・養盆景或者金魚，放一些較為輕鬆的音樂。

・尊重員工的隱私，不要問與工作無關的問題。

・不在辦公室裏講閒言碎語，擾亂人心。

・未經許可，不隨意翻閱他人的文件。

・不在上班時間聊天、大聲喧嘩、打鬧。

・不在辦公區化妝。

・不帶領與工作無關的人員進入公司。

・吸煙到室外或在專設的吸煙區。

行政人員在維護辦公室軟環境時，在工作中應做到和諧相處，互相尊重和幫助。

在辦公室的軟環境管理上，行政主管還要規範部門人員對外的工作行為，包括引導客人、接打電話等。表 3-2-2 為引導客人的方法。表 2-2-3 為行政人員接聽電話的行為規範。

表 2-2-2　引導客人的方法

方法	內容說明
在走廊的引導方法	接待人員在客人的左斜前方，距離二三步遠。若左側是走廊的內側，應讓客人走在內側
在樓梯的引導方法	當引導客人上樓時，讓客人走在前面。在下樓時，由接待人員走在前面。上下樓梯時，接待人員應該注意客人的安全
在電梯的引導方法	引導客人乘坐電梯，等接待人員先進入電梯，等客人進入後關閉電梯門，到達時，讓客人先走出電梯
客廳裏的引導方法	當客人進入客廳時，接待人員應用手示意，請客人坐下，待客人坐下後，方能離開

表 2-2-3　行政人員接聽電話的行為規範

接電話行為規範	打電話行為規範
· 來電必接，接電及時，一般要求在鈴響 3 聲內接起 · 禮貌熱情，善始善終 · 兼顧有序，反覆核實。接聽公務電話時，應及時對關鍵內容予以核實，並進行記錄 · 在辦公室接聽電話時不允許使用免提功能	1. 打電話時間的選擇要做到 · 主動迴避對方精力鬆懈的時間 · 儘量避開影響對方生活的時間 2. 打電話關鍵步驟和舉止 · 通話時要首先致以問候 · 其次要報單位、職務、姓名 · 請人轉接電話時，要向對方致謝 · 注意打電話時的語氣，要長話短說

第三節　員工個人禮儀與工作禮節的管理

員工的形象代表著企業的形象，員工的言行舉止反映了企業的管理水準和整體素質。在客戶的眼裏，員工表現出的自信、樂觀和熱情能反映企業的實力和可信度。

對於員工來說，懂得維護企業的形象，是最基本的職業道德。員工個人形象的基本內容如表 2-3-1 所示。

表 2-3-1　員工個人形象的基本內容

內容	說明
個人禮儀規範	行政部在平常的工作中要積極指導和規範員工的個人禮儀，包括員工的儀表、著裝和動作姿態等
工作禮節規範	行政部還需要積極指導和規範員工的工作禮節，注重員工的工作品質和態度等

1. 員工的個人禮儀規範

員工的個人禮儀規範主要包括儀表、著裝和行為 3 個方面，員工的個人禮儀規範如表 2-3-2 所示。

2. 員工工作禮節規範

員工除應具有良好的個人禮儀外，還要有良好的工作禮節，注重工作的品質和態度。員工的工作品質和態度，在細節上表現為以下內容。

· 愛護公共物品，不挪用公共物品。

· 及時清理、整理賬簿和文件。

· 墨水瓶、印章盒等使用後及時蓋上蓋子。

表 2-3-2　員工的個人禮儀規範

內容	說明
儀表規範	・頭髮要經常清洗，保持清潔。男性頭髮不宜太長 ・男性不宜留長指甲，應經常修剪。女性員工塗指甲油儘量用淡色 ・鬍鬚不能太長，應經常修理 ・保持清潔，上班前不能喝酒或吃有異味的食品 ・女性員工化妝應給人清潔、健康的印象，不用香味濃烈的香水
著裝規範	・襯衫領子和袖口不得有污穢，必須繫於褲內，扣子扣齊 ・佩戴領帶，應注意與西裝、襯衫顏色相配，領帶不能歪斜、鬆弛 ・女性員工不可穿著過於暴露的服飾，應注意鞋襪與衣服相協調 ・女性員工佩戴首飾不宜過多 ・鞋子要乾淨，不穿拖鞋和露腳趾的鞋 ・工作時不宜穿大衣或過於臃腫的服裝
行為規範	・入座時兩臂自然下垂，不聳肩 ・會見客戶或在長輩、上級面前，不得把手抱在胸前 ・入座時雙膝併攏，雙腿下垂，直腰挺胸 ・行走時，步速適中，腰背挺直 ・在通道或走廊行走時要放輕腳步 ・不能一邊走一邊大聲說話，更不得唱歌或吹口哨 ・遇到上司或客戶要禮讓

・借用他人或公司的物品，應及時送還。

・未經同意不隨意翻看同事的文件、資料和辦公桌抽屜。

・不在辦公桌上放私人物品。

・桌面整潔，物品擺放有序。

・尊重管理人員，工作有責任心。

・客人來訪積極迎接，熱情回答客人的問題。

・維護企業形象，對他人的不良行為應進行制止。

・不隨意對他人評頭論足。

・ 不談論個人薪金。

・ 勇於承擔責任。

・ 積極協作，幫助同事。

・ 工作時間內不幹私活。

・ 工作時間內不應長時間接打私人電話。

・ 不打聽別人隱私。

要求員工在人際交往中做到以下 7 個方面。

・ 態度誠懇，自然大方。

・ 稱讚對方要適當，謙虛要適度。

・ 對方發言時，要注意傾聽，不看手錶、伸懶腰、打呵欠、脫鞋、捲褲腿或做出其他懶散的動作。

・ 在對方與其他人交談時，不隨意插嘴，如果需要打斷他們的談話，則需要表示歉意以獲得諒解，並儘快說完自己的事情。

・ 與同事相遇要點頭、微笑。

・ 與他人握手時要脫去手套，並目視對方眼睛，大方熱情、不卑不亢。

・ 多人同時握手時應按照順序進行，不可交叉握手。

心得欄 -------------------------------

第 3 章

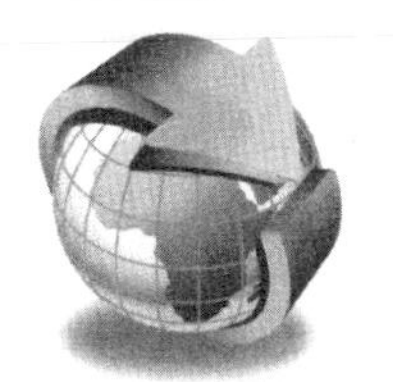

行政部的會議工作管理

第一節　會議工作管理

有效的會議管理，能夠建立良好的溝通管道，做出正確的決策，使執行者認同，並努力完成企業的戰略目標。

那麼，行政主管在工作中如何有效地進行會議管理呢？具體內容如表 3-1-1 所示。

表 3-1-1　有效會議管理的內容

要點	說明
做好會前準備工作	包括確定清晰的會議主題，導入成本管理意識，同時，詳細地說明會議準備工作的具體內容
會議過程的管理與引導	闡述會議進程中的管理要點、會議開始前的檢查與確認、簽到管理、會場服務和管理、會議內容的記錄等
會議總結	通過會議過程總結、會議紀要、文件資料的收退、議定事項的檢查催辦來實現對整個會議的總結和督導工作

會議過程要有科學的管理方法，通過管理，可以提高會議效率，發揮會議功能，避免人、財、物的浪費，降低經營成本，達成人力資源高效利用率。下面我們對相關內容做深入分析。

一、做好會前準備工作

行政主管在會議開始之前要確定會議的主題，做好各項準備工作。

表 3-1-2　會議準備工作的具體內容

要點	內容說明
理解會議主題	會議進行之前，由秘書人員將相關資料分發給與會人員，讓大家瞭解會議的主題和相關內容，包括會議的討論方向和需要確定的標準等，使大家在會議之前有充足的時間思考
確定與會人員名單	出於對會議成本的考慮，在確保會議效果的基礎上，控制與會人員數量，制定與會人員名單
選擇開會時間	選擇合適的開會時間，避免與企業重要的經營活動發生衝突，確保與會人員按時出席，積極參與
選擇會議地點	由於會議地點的硬體設施和環境氣氛都會對與會人員的情緒產生影響，因此，會議地點的選擇需要考慮硬體設施與週邊環境
佈置會議現場	合理安排會場空間，保持會場格局緊湊，做好會議用品發放及設備調試工作, 按照會議的性質和領導的要求正確安排會議座次
擬訂會議日程	擬訂會議日程表，讓與會人員對會議有所瞭解，提前做好準備工作。會議議程包括會議內容、討論事項、與會人員姓名、時間和地點等
通知與會人員	印發會議通知，通知內容包括會議的時間、地點、出席人員、會議內容以及日程等，並提示與會人員儘早給予答覆，以便於統計實際與會人數

行政主管不僅自己要清楚會議主題，而且要讓與會人員瞭解。只有大家都知道所要討論的內容和目標，才能有效地進行會議過程的管理，減少時間浪費，節省會議成本。會議準備工作的具體內容如表 3-1-2 所示。

二、會議過程的管理與引導

企業召開會議是為了更好地溝通和做出決策，以利於各項經營活動有效地開展。

為了達到這一目的，行政主管要對會議過程進行有效的管理與引導，使會議朝既定目標前進。表 3-1-3 為會議管理的要點。

表 3-1-3　會議管理的要點

要點	內容說明
會議進程中的管理	按照會議程序進行，不強迫特定人員發言，在發言中不感情用事，積極解決與會人員的意見衝突，尊重每個人的意見和想法，達成明確的會議結論等
主持會議的管理	根據會議目的及主題，引導與會人員積極參與討論，當討論偏離主題時，應及時進行扭轉和引導。客觀地接受每位與會人員的意見，並及時總結、歸納，會議結論獲得通過時，應當場宣讀會議決議等
會議提問技巧管理	提問的順序得當，語氣要親切，所提問題應與會議的主旨一致，且便於與會人員回答，提問時重點要突出等

在進行充分的準備工作後，行政主管還要對會議過程進行有效的引導，確保會議達到預期目標。表 3-1-4 為有效引導會議的要點。

表 3-1-4 有效引導會議的要點

要點	內容說明
會議開始前檢查確認	包括對與會人員的通知情況、會議的各項工作準備、會議活動的細節以及會議管理人員的工作分配等進行確認
會議簽到管理	包括對簽到的方式、秩序和人數統計做好管理
會場服務和管理	會場服務包括座位管理、文件分發和會場秩序管理等
記錄會議的內容	包括對會議的名稱、時間、地點和與會人員的發言等進行記錄，同時，也要記錄會議的議題和決議等

行政主管在主持會議的過程中，要積極引導，使與會人員就需要討論的問題展開深入的分析，以得出最佳的解決方案。

在會議中，引導與會人員討論問題的步驟如下。

(1)描述問題。

(2)闡述問題存在的原因。

(3)瞭解以前是如何解決問題的。

(4)診斷目前存在問題的癥結所在。

(5)尋求解決問題的途徑。

(6)尋求解決問題的方案。

需要注意的是，行政主管必須針對會議的各個環節進行引導，確保會議過程的連貫性。具體包括會議主題的引導、對與會人員的引導和鼓勵各種性格的人士發言等。

三、會議總結的要點

會議的目的是找到解決方案，方案的實現要靠執行來完成。因此，在會議結束之後仍有許多工作要做，包括會議的總結、報告等。表 3-1-5 為會議總結的要點。

表 3-1-5　會議總結的要點

要點	分析說明
會議過程總結	會議過程總結以總結會的形式進行，對組織及服務工作的全過程進行總結，找出其中的漏洞和不足，吸取經驗教訓，避免再次犯錯。另外，對工作突出的工作人員進行表彰與鼓勵
會議紀要	簡明扼要地反映會議內容，記錄會議中的重要問題和決定，並向相關人員傳達
文件資料收退	日常會議，可口頭交代，文件收回；大型的會議要事先開具文件資料清單，由專人分發給與會人員，並在會後按照清單收回
議定事項的檢查催辦	設置專人負責檢查、催辦議定事項，並制定相關的登記及彙報制度。檢查人員可用電話、發放催辦通知單或親自檢查等方式進行催辦，隨時彙報情況，並接受指導

第二節　會議管理流程

會議管理流程說明：

圖 3-2-1　會議管理流程

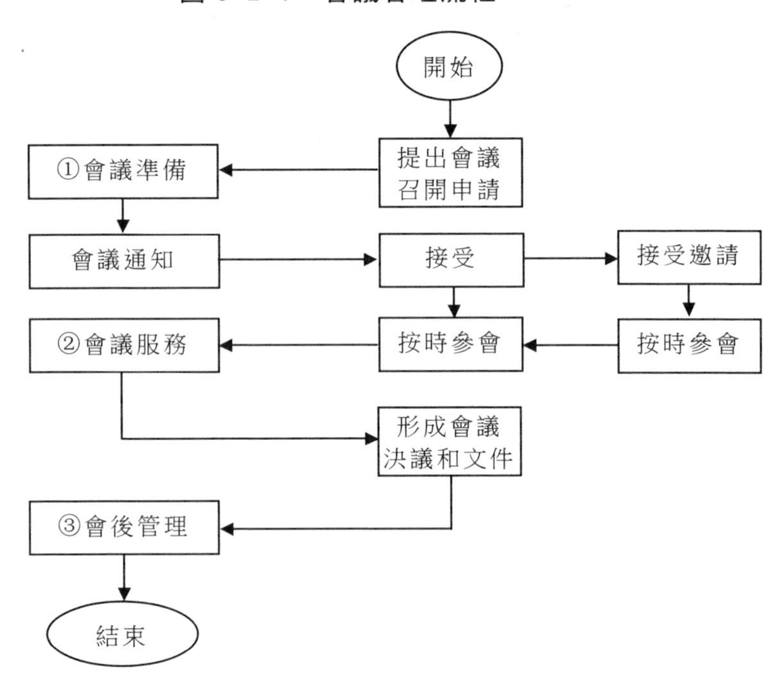

①行政部根據召開會議申請需法語，確定會議的類別和形式並做好相應的準備工作，其主要包括確定會議召開的時間、地點、內容、參會人員、會議主持人，以及會場佈置、相關資料及設施的準備等內容。

②會議服務主要包括以下工作事項：會議簽到、會場服務、會議記錄等。

③會議結束後，行政部根據會議的要求，將會議的精宰及相關決議傳達給有關部門，並對會議工作進行總結和評估。

第三節　會議管理制度

第 1 章　總則

第 1 條　目的。為了使公司的會議管理工作規範化、有序化，減少不必要的會議，縮短會議時間提高公司會議決策的效率，特制定本制度。

第 2 條　適用範圍。本制度適用於公司內部會議管理。

第 2 章　會議組織

第 3 條　公司級會議，指公司員工大會、全公司技術人員大會及各種代表大會，應經總經理批准，由各相關部門組織召開，公司主管參加。

第 4 條　專業會議，指公司性的技術、業務綜合會，由分管公司主管批准，主管業務部門負責組織。

第 5 條　各工廠、部門、支部召開的工作會由各工廠、部門、支部主管決定並負責組織。

第 6 條　班組(小組)會由各班組長決定並主持召開。

第 7 條　上級或外單位在公司召開的會議(如現場會、報告會、辦公會等)或公司之間的業務會(如聯營洽談會、用戶座談會等)一律由公司組織安排，相關部門協助做好會務工作。

第 3 章　會議管理

第 8 條　會議準備。

1. 明確參會人員。

2. 選擇開會地點。會場環境要乾淨、整潔、安靜、通風、照明效果好、室溫適中等。

3. 會議日程安排。要將會議的舉辦時間事先告知與會人員，保證與會人員能準時參加會議。

表 3-3-1　會議日程安排表

會議日期	時間	地點	內容	備註

4. 會場佈置

一般情況下，會場佈置應包括會標(橫幅)設置、主席台設置、座位放置、台卡擺放、音響安置、鮮花擺設等。會場佈置和服務如有特殊要求的按特殊要求準備。

5. 會議通知

會議通知應包括參加人員名單、會期、報到時間、地點、需要準備的事項及要求等內容。

表 3-3-2　會議通知單

召開會議部門		會議組織部門	
會議召開時間			
會議結束時間			
會議議題			
參會人員			
參會人員的相關準備工作			
注意事項			
會議組織部門聯繫方式			

第 9 條　會中管理。

1. 人員簽到管理

會議組織部門或單位應編製「參會人員簽到表」，參會人員在預先準備的「簽到表」上簽名以示到會。

2. 會場服務

會場服務主要包括座位引導、分發文件、維護現場秩序、會議記錄、處理會議過程中的突發性問題等內容。

會議記錄人員應具有良好的文字功底和邏輯思維能力，能獨立記錄並具有較強的匯總概括能力。會議記錄應完整、準確，字跡應清晰可辨。

第 10 條　會後管理。

1. 會後管理主要包括整理會議記錄，形成紀要和決議等結論性文件，檢查落實會議精神，分發材料，存檔及會務總結等工作。

2. 會議記錄人員應在____個工作日內草擬會議紀要，經行政部主管審核後，由會議主持人簽發。會議紀要應充分體現會議精神，並具有較強的可操作性。

第 4 章　會議安排

第 11 條　為避免會議過多或重覆，公司經常性的會議一律實行例會制，原則上按例行規定的時間、地點和內容組織召開。

表 3-3-3　會議安排

會議類型	內容
總經理辦公會	研究、部署行政工作，討論決定公司行政工作的重大問題；總結評價當月的生產行政工作情況，安排佈置下月的工作任務
經營管理大會或公司員工大會	總結上季(半年、全年)的工作情況，部署本季(半年、新年)的工作任務，表彰、獎勵先進集體和個人
經營活動分析會	彙報、分析公司計劃執行隋況和經營活動成果，評價各方面的工作情況，肯定成績，指出問題，提出改進措施，不斷提高公司的效益
品質分析會	彙報、總結上月產品品質情況，討論分析品質事故(問題)，研究決定品質改進措施
安全工作會	彙報、總結上季安全生產、治安、消防工作情況，檢查分析事故隱患，研究確定安全防範措施
技術工作會	彙報、總結當月技術改造、新產品開發、科研、技術和日常生產技術準備工作計劃完成情況，佈置下月技術工作任務，研究確定解決有關技術問題的方案
生產調度會	調度、平衡生產進度，研究解決各部門不能自行解決的重大問題
各部門例會	檢查、總結、佈置本部門工作

第 12 條　其他會議的安排。

1. 凡涉及多部門負責人參加的會議，均須於會議召開前____日經部門或分管公司批准後，交辦公室匯總，並由公司辦公室統一安排，方可召開。

2. 行政部每週六應統一平衡編製《會議計劃》並裝訂，分發到公司相關部門。

3. 對於已列入《會議計劃》的會議，如需改期或遇特殊情況需安排其他會議時，會議召集部門應提前_____天報請行政部並經公司同意。

4. 對於參加人員相同、內容接近、時間段雷同的會議，公司有權安排合併召開。

5. 各部門會期必須服從公司統一安排，各部門小會不應安排在與公司例會同期召開(與會人員不發生時間衝突的除外)，應堅持小會服從大會、局部服從整體的原則。

第 5 章　會議注意事項

第 13 條　會議注意事項。

1. 發言內容是否偏離議題。

2. 發言目的是否出於個人利益。

3. 全體人員是否專心聆聽發言。

4. 發言者是否過於集中針對某些人。

5. 某個人的發言是否過於冗長。

6. 發言內容是否朝著結論推進。

7. 在必須延長會議時間時，應在取得大家的同意後再延長會議時間。

第 14 條　召開會議時需遵守如下要求。

1. 嚴格遵守會議時間。

2. 發言時間不可過長(原則上以_____分鐘為限)。

3. 發言內容不可對他人進行人身攻擊。

4. 不可打斷他人的發言。

5. 不要中途離席。

心得欄 ------------------------------

第4章

行政部的前台接待管理

第一節　前台接待的工作崗位職責

一、接待主管的職責

前台接待主管在行政部經理的領導下，全面負責、督導前台的接待、文件處理等各項工作，及時解決前台日常工作中出現的各種問題，保證公司資訊、通信順暢，提高公司運作效率，實現公司整體目標。其具體崗位職責如下所示。

· 制定前台接待工作年度計劃，報行政部經理審批

· 協助制定前台接待處的崗位責任、操作規程及各項規章制度，並監督執行

· 對前台接待專員進行有效的培訓和指導，提高其業務水準和服務素質

· 協助前台接待專員做好重要客人的接待工作及重要留言的落

實情況
- 主持前台班次全面工作，創造和諧的工作氣氛，減少工作環境中的摩擦
- 參加行政例會，及時瞭解員工的動態及困難，及時採取解決措施
- 受理直接下級上報的合理化建議，並按照公司相關規定程序處理
- 與公司各職能部門的協調及聯繫，協助組織公司的文化活動等
- 督導迎送工作，檢查前台接待專員的儀表儀容、紀律、禮儀及工作效率
- 負責向行政經理提請對前台接待專員績效考核的建議並協助實施考核
- 負責檢查、監督前台辦公區域內的安全、清潔和消防工作
- 正確傳達上級指示，及時對下級工作中的爭議做出裁決
- 協助公關事務主管、行政經理處理各種社會公共關係
- 負責前台接待突發事件及公司臨時交辦事件的處理

二、接待專員的職責

前台接待專員在前台接待主管的領導下，全面做好前台的日常接待、電話和函件的接轉、員工考勤監督及匯總、報刊雜誌的接收分發等項工作，努力提供一流服務，保證公司資訊、通信順暢，提高公司運作效率。其具體崗位職責如下所示。

- 服從前台接待主管的領導，按規定的程序與標準向客人提供一流的接待服務

- 負責訪客、來賓的登記、接待、引見，對無關人員應阻擋在外或協助保安處理
- 熟練掌握公司概況，能夠回答客人提出的一般性問題，提供常規的非保密資訊
- 負責電話、郵件、信函的收轉發工作，做好工作資訊的記錄、整理、建檔
- 負責公司文件、通知的分發，做好分發記錄並保存
- 配合接待主管完成部份文件的列印、複印、文字工作
- 負責管理前台辦公用品及辦公設備的清潔保養
- 維護前台區域內的整潔，進行該區域內的報刊雜誌、盆景植物的日常維護和保養
- 執行公司考勤制度，負責員工的考勤記錄匯總、外出登記，監督員工刷卡
- 負責員工出差預訂機票、火車票、客房等事務，以及差旅人員行程及聯絡登記
- 對工作中出現的各種問題及時彙報，提出工作改進意見
- 完成領導交辦的其他或臨時工作

第二節　前台接待的禮儀制度

第 1 章　總則

第 1 條：目的

為保障公司正常辦公秩序，維護公司良好形象，充分發揮公司前台對外的視窗作用，依據公司相關行政管理制度，特制定《前台接待禮儀制度》。

第 2 條：適用範圍

公司前台工作人員均應嚴格遵守本制度的相關規定，做到「禮儀規範，服務優良」。

第 2 章　具體內容

第 3 條：形象禮儀

(1)儀表

前台接待人員工作期間一律著職業裝，具體禮儀要求如下表 4-2-1 所示。

(2)儀容

整潔的儀容及恰到好處的修飾均能顯示出人的修養及本人對工作的自信心，因此前台接待人員除了表著要得體，在個人衛生方面也應嚴格要求自己。具體的禮儀要求如下表 4-2-2。

表 4-2-1　前台接待人員儀表要求

總體要求	1. 適體性：服裝、修飾要與容貌、體型、年齡、個人氣質相適宜，合乎和表現內在素養
	2. 整體性：各部位的修飾要與整體協調一致 3. 適度性：無論在修飾程度，還是飾品的數量和修飾技巧上，都要自然適度，把握分寸
男士著裝要求	1. 西裝：款式簡潔、單色為宜，西褲的長度應正好觸及鞋面，還要注意與其他配件的搭配
	2. 領帶：顏色必須與西裝和襯衫協調、乾淨、平整不起皺；長度合適，打好的領帶尖應恰好觸及皮帶扣，領帶的寬度應該與西裝翻領的寬度和諧
	3. 襯衫：領型、質地、款式都要與外套和領帶協調，注意領口和袖口要乾淨
	4. 鞋：最好穿黑色或深棕色的皮鞋，並注意保持鞋子的光亮及乾淨
	5. 襪子：寧長勿短，以坐下後不露出小腿為宜；襪子顏色要和西裝協調，深色為佳
女士著裝要求	1. 保持衣服平整，穿質地較好的職業裝，但不要過於華麗
	2. 襪子顏色要協調，以透明近似膚色或與服裝搭配得當為好
	3. 飾品要適量，應儘量選擇同一色系，注意與整體的服飾搭配協調
	4. 忌穿緊身、暴露服裝，如短褲、背心、超短裙、緊身褲、牛仔服(衣、褲)、拖鞋(包括時裝涼拖)均不可在上班時間穿著

表 4-2-2　前台接待人員儀容要求

總體要求	大方整潔，職業
其他細節	1. 頭髮勤理、勤洗，並梳理整齊，不要有頭皮屑
	2. 勤剪指甲，不要留長，不留污垢
	3. 體味嚴重者要想辦法除味，香水的味道不宜濃烈
	4. 不要戴墨鏡或變色鏡
	5. 女性上班期間應化淡妝

①站姿要求

表 4-2-3　站姿要求

正確的站姿	錯誤的站姿
頭正、頸直、收下頦、閉嘴	垂頭、垂下巴、張嘴
挺胸、雙肩平，微向後張，使上體自然挺拔，上身肌肉微微放鬆	含胸、聳肩、駝背
收腹。收腹可以使胸部突起，也可以使臀部上抬，同時大腿肌肉會出現緊張感，這樣會給人以「力度感」	腹部鬆弛、肚腩凸出
收臀部，使臀部略為上翹	臀部凸出
兩腿挺直，膝蓋相碰，腳跟略為分開，對男士來講，雙腿張開與肩寬；站立時間長時可以一腿支撐，一腿稍微彎曲為宜	曲腿，雙腿分開的距離過大、交叉
身體重心落在兩腿中間、腳的前端的位置上，立直	聳肩勾背、倚靠物體
兩臂自然下垂，雙手垂於體側，或右手搭在左手上，貼放於腹部	雙手抱在胸前或將手插於褲兜裏
兩眼平視前方，表情自然明朗，面帶微笑，談話時要面向對方並保持一定的距離	懶洋洋，無精打采

②坐姿要求

表 4-2-4　坐姿要求

正確的坐姿	錯誤的坐姿
坐下之前應輕輕拉椅子，用右腿抵住椅背，輕輕用右手拉出，切忌開出大聲；坐下的動作不要太快或太慢、太重或太輕，應大方自然、不卑不亢、輕輕落座	隨便拉出椅子，或拖出椅子，發出刺耳的聲音，或一屁股就坐在上面，給人不穩重、粗俗的印象
坐下後身體正直，不要前傾或後仰，雙肩齊平	搭拉肩膀、駝背、含胸、聳肩、背彎曲
坐下後上半身應與桌子保持一個拳頭左右的距離，坐滿椅子的 2/3，不要只坐一個邊或深陷椅中	癱坐在椅子上或坐滿座位
兩腿、膝併攏，腳自然著地，一般不要翹腿，兩腳踝內側互相併攏，兩足尖約距 10cm 左右	雙腳大分叉或呈八字形；雙腳交叉；足尖翹起；半脫著鞋；兩腳在地上蹭來蹭去；翹二郎腿、頻繁搖腿
肩部放鬆、手自然下垂，交握在膝上，五指併攏，或一手放在沙發或椅子扶手上，另一隻手放在膝上	坐時手中不停地擺弄東西，如頭髮、飾品、手指、戒指之類或手舞足蹈
坐著與人交談時，雙眼應平視對方，但時間不易過長或過短：也可使用手勢，但不可過多或動作幅度過大	頭身過於向下

③走姿要求

表 4-2-5 走姿要求

正確的走姿	錯誤的走姿
速度適中，幾個人一起走路，儘量保持步調一致	速度過快或過慢
頭正頸直，兩眼平視前方，面色爽朗	低頭、歪脖、左顧右盼、盯住別人亂打量
上身挺直，挺胸收腹	身體擺動不優美，上身擺動過大、含胸
兩臂收緊，自然前後擺動，前擺稍向裏折約 35 度，後擺向後約 15 度	雙臂擺動過大或不動
身體重心在腳掌前部，兩腿跟走在一條直線上，腳尖偏離中心線約 10 度	扭動臀部幅度過大、挺腹
腳步應穩重、大方、有力	腳步笨重、拖拉
雙手自然隨走路一起擺動	手插在衣兜或褲袋內，雙手撐腰或倒背著手
靠道路的右側行走，遇到同事、主管要主動問好；上下樓梯時，應讓尊者、女士先行	多人行走時，排行走而佔據路面；行走時吸煙、吃東西、吹口哨、整理衣服等

心得欄 ________________________________

____

____

____

____

____

④手勢禮儀要求

表 4-2-6　手勢禮儀要求

手勢禮儀要求	詳細說明
大小適度	手勢的上界一般不應超過對方的視線，下界不低於自己的胸區，左右擺的範圍不要太寬，應在人的胸前或右方進行。一般場合，手勢動作幅度不宜過大，次數不宜過多和重覆
自然親切	多用曲線柔和的手勢，少用生硬的直線條手勢，以求拉近心理距離
避免不良手勢	1. 與人交談時，講到自己不要用手指自己的鼻尖，而應用手掌按在胸口上
	2. 談到別人時，不可用手指別人，更忌諱背後對人指點等不禮貌的手勢
	3. 避免交談時指手畫腳，手勢動作過多、幅度過大
	4. 不可在接待客人時做抓頭髮、玩飾物、掏鼻孔、剔牙齒、抬腕看表、高興時拉袖子等粗魯的手勢動作
指向目標	在給客人指引方向、介紹時，手指自然併攏，手掌以肘關節為軸指向目標，同時眼神要看著目標

⑤遞接物品要求

使用雙手遞接物品，並考慮接物人的方便。

表 4-2-7　遞接物品禮儀要求

遞物時	須用雙手，表示對對方的尊重，例如遞交購買的物品，要把物品正面(能看見說明的地方)朝上
接物時	要身體前傾一步，用雙手接住，並表明謝意

第 4 條：語言禮儀

(1)與客人交談時，首先保持站姿端正，無任何小動作。

(2)正面對著客人，表情自然大方，態度親切、誠懇。

(3)談話清晰易懂，注意語音、語調、語速及節奏感。

(4)正確提及客人姓名並在後面加上先生、女士、小姐等稱呼用語。

(5)談話中如想咳嗽或打噴嚏時，應先說對不起，再轉身向側後下方，同時盡可能用面巾紙遮住。

第 5 條：迎接禮儀

(1)有客人來訪時，應立即與之招呼，應該認識到大部份來訪客人對公司來說都是重要的，要表示出熱情友好和願意提供服務的態度。若正在打字應立即停止，即使是在打電話也要對來客點頭示意，但不一定要起立迎接，也不必與來客握手。

(2)主動熱情問候客人：打招呼時，應輕輕點頭並面帶微笑。如果是已經認識的客人，稱呼要顯得比較親切。

(3)陌生客人的接待：陌生客人光臨時，務必問清其姓名及公司或單位名稱。通常可問：請問您貴姓？請問您是那家公司？問明來意後再進行登記、引領等工作。

第 6 條：接待禮儀

(1)客人到來進行來訪登記後，要立即通知被訪者，如果有需要，前台接待人員應該運用正確的引導方法和引導姿勢。

(2)客人到來時，若我方負責人由於種種原因不能馬上接見，一定要向客人說明等待理由與等待時間，若客人願意等待，應該向客人提供茶飲和雜誌，如果可能，應該時常為客人換飲料。

(3)客人要找的負責人不在時，要明確告訴對方負責人到何處去了，以及何時回本單位。請客人留下電話、位址，明確是由客人再次來單位，還是我方負責人到對方單位去。

(4)不速之客的接待：有客人未預約來訪時，不要直接回答其要找的人在或不在。而要告訴對方:「讓我看看他是否在。」同時婉轉地詢問對方來意:「請問您找他有什麼事?」如果對方沒有通報姓名則必須問明,儘量從客人的回答中,充分判斷能否讓他與同事見面。如果客人要找的人是公司上級,就更應該謹慎處理。

(5)當客人離開公司時,要主動打招呼致意並提出希望下次再來。

表 4-2-8　引導規範

引導方法	詳細說明
在走廊的引導方法	接待人員在客人二三步之前,配合步調,讓客人走在內側
在樓梯的引導方法	當引導客人上樓時,應該讓客人走在前面,接待人員走在後面,若是下樓時,應該由接待人員走在前面,客人在後面,上下樓梯時,接待人員應該注意客人的安全
在電梯的引導方法	引導客人乘坐電梯時,接待人員先進入電梯,等客人進入後關閉電梯門,到達時,接待人員按「開」的鈕,讓客人先走出電梯
客廳裏的引導方法	當客人走入客廳,接待人員用手指示,請客人坐下,看到客人坐下後,才能行點頭禮後離開。如客人錯坐下座,應請客人改坐上座(一般靠近門的一方為下座)

第 7 條:電話禮儀

通過電話,應給來電者留下一個禮貌、溫暖、熱情和高效的公司形象,因此前台接待人員在接、打電話時要遵循以下禮儀要求:接打電話時絕對不能吸煙、喝茶、吃零食,而要保持端正的姿勢,同時說話清晰,聲音親切,當作對方就在眼前。

(1)接電話的禮儀

①迅速準確地接聽聽到電話鈴聲,應準確迅速地拿起話筒,最好在 3 聲之內接聽,不要讓鈴聲響過 5 聲。電話鈴聲響一聲大約 3

秒鐘，若長時間無人接電話，或讓對方久等是很不禮貌的，對方在等待時心裏會十分急躁，這樣會給他留下不好的印象。

即便電話離自己很遠，聽到電話鈴聲後，附近沒有其他人，也應該用最快的速度拿起聽筒，這樣的態度是每個人都應該擁有的。如果電話鈴響了 5 聲才拿起話筒，應該先向對方道歉，如果電話響了許久，接起電話只是「喂」了一聲，對方會十分不滿，會給對方留下惡劣的印象。

②要用喜悅的心情，愉快地接聽電話拿起電話應用親切、優美的聲音自報家門，「您好，這裏是 XX 公司前台」，詢問時應注意在適當的時候，根據對方的反應再委婉詢問。

一定不能用很生硬的口氣說「他不在」、「打錯了」、「沒這人」、「不知道」等語言。電話用語應禮貌，態度應熱情、謙和、誠懇，語調應平和，音量要適中。

③瞭解所來電話的目的。上班時間打來的電話幾乎都與工作有關，公司的每個電話都十分重要，不可敷衍，即使對方要找的人不在，切忌只說「不在」就把電話掛了。

④轉接電話。不同的來電者可能會要求轉接到某些人。任何找管理者或領導的電話必須首先轉到相關的秘書或助理那裏，這樣可以保證管理者或領導們不被無關緊要的電話打擾。

若來電要找的人電話佔線，要詢問來電者是否願意繼續等待，若「是」就讓其「稍等」，若「否」則詢問其來電事由，是否可以轉告等。

若來電要找的人暫時不在辦公室，則應向來電者說明情況，並詢問其來電事由、是否可以轉告等，這樣就不會誤事，而且會贏得對方的好感。

⑤認真清楚地記錄。前台工作人員在接電話時，要將電話內容

隨時記錄，這些記錄應簡潔完整，最好具備以下 6 點內容：何時(When)、何人(Who)、何地(Where)、何事(What)、為什麼(Why)、如何進行(How)。

⑥覆誦來電要點。電話接聽完畢之前，不要忘記覆誦一遍來電的要點，防止記錄錯誤或者偏差而帶來的誤會，使整個工作的效率更高。例如，應該對會面時間、地點、聯繫電話、區域號碼等各方面的資訊進行核查校對，盡可能地避免錯誤。

⑦掛電話前應有禮貌。電話交談完畢時，應儘量讓對方先結束對話，然後彼此客氣地道別，說一聲「再見」，再掛電話，不可只管自己講完就掛斷電話。

若確需自己來結束，應解釋、致歉。通話完畢後，應等對方放下話筒後，再輕輕地放下電話，以示尊重。

⑧你正在通電話，又碰上客人來訪時，原則上應先招待來訪客人，此時應儘快和通話對方致歉，得到許可後掛斷電話。不過，電話內容很重要而不能馬上掛斷時，應告知來訪的客人稍等，然後繼續通話。

(2)打電話禮儀

①工作時間禁止接、打私人電話。

②因工作需要打電話時要注意以下要點。

· 擬好通話要點。前台工作人員應在打電話前準備好通話內容，若怕遺漏，可擬出通話要點，理清說話順序，備齊與通話內容有關的文件和資料。
· 電話接通後，首先通報自己的姓名、身份。必要時，應詢問對方是否方便，在對方方便的情況下再開始交談。
· 電話用語應禮貌，電話內容要簡明、扼要。「您好」、「請」、「謝謝」等詞語應不離口。同時注意語音語調，切不可高聲大喊、裝腔作勢或拿腔捏調、嗲聲嗲氣，更不能粗暴無禮。

・通話完畢時應道「再見」，然後輕輕放下電話，以免讓人感到粗魯無禮。

第 8 條：公司內部工作禮儀

(1)離座和外出

前台接待人員工作的特殊性決定了其離座不應該太久，一般不能超過 10 分鐘。如果是因為特殊原因需要外出時，應先找妥代辦人，並交待清楚接聽電話的方法等。

(2)嚴守工作時間

前台接待人員應該嚴格遵守作息時間。一般情況下，應該提前 5～10 分鐘到崗，下午下班應該推遲 20～30 分鐘。

(3)閒談與交談

應該區分閒談與交談。前台人員應該儘量避免長時間的私人電話佔線，更不可在前台與其他同事閒談聊天。

(4)遵守公司的其他規章制度

第 3 章　罰則

第 9 條：以上各項禮儀制度要求，前台工作人員應嚴格遵守執行，行政部及人力資源部相關負責人員將不定期進行檢查，若發現違反行為，根據公司獎懲制度，視情況給予相應處分。

第 4 章　附則

第 10 條：公司行政部擁有本制度的最終解釋權。

第 11 條：本制度自公佈之日起實行，望相關人員配合執行。

第三節　前台接待的管理制度

第 1 章　目的

第 1 條：前台是公司對外的重要視窗，是外單位人員對公司的第一印象，直接反映公司員工的素質。為了充分發揮前台的視窗作用，切實維護好公司的良好形象，特制定本制度。

第 2 章　適用範圍

第 2 條：公司前台接待人員均應嚴格遵守本制度的相關規定。

第 3 章　前台接待管理

第 3 條：前台接待專員要求具備大專以上學歷，具有一定的學識和知識面，有一定英語會話能力，熟悉和掌握公司的基本情況，能較好處理與前台接待業務相關的事宜。

第 4 條：前台接待專員要按職能分工做好本職工作，對工作要認真負責，任勞任怨，不斷增強服務意識，為員工服好務。自覺遵守考勤、作息制度，堅守崗位，提前上班、延後下班，有事及時請銷假。

第 5 條：前台接待專員在接轉電話時要做到迅速、準確；推銷類電話不隨便轉接，如有轉接必要請徵當事人意見；上班不接、打私人電話，不隨意喧鬧和閒談，不做與工作無關的其他事情。

第 6 條：前台接待專員在工作中要注重禮節、禮貌、著裝和儀表，做好來賓接待、詢問、引導、解答等工作。

第 7 條：前台接待專員接到門衛通知有客人來訪時，應立即聯絡被訪者，明確被訪者是否與客人有約或是否接受來訪，再通知門衛放行。

第 8 條：所有來訪客人，必須登記，由相關人員帶領才准許進入工作區域。

第 9 條：對於普通來賓，一般安排在公司會議室內接待；對於貴賓來訪，根據接見對象，由接見對象安排接待地點，前台協助指路；對於面試人員，在會議室允許的條件下，儘量安排在會議室接待。

第 10 條：未經核准的來賓及公司員工擅自帶人來公司參觀，前台有權制止並通知上級拒絕參觀。

第 11 條：嚴格會客、特快專遞、掛號信件的登記制度，經手人要嚴格履行收、發、登記、簽字手續，及時處理特快專遞，分發信件、報刊等服務和管理工作。為避免丟失信函和報刊，不要讓別人隨意翻閱各部門的信函與訂閱的報刊，應將公司信函和訂閱的報刊及時送到辦公室。

第 12 條：前台接待專員應在上班前做好前台衛生，迎候員工上班。

第 13 條：前台接待專員負責前台辦公環境的整潔、美觀，負責檢查督促辦公樓大廳的環境衛生等，發現環境衛生有問題，應請保潔員及時打掃、清理，始終保持辦公樓大廳有一個良好的衛生環境。

第 14 條：前台接待專員不得隨意離開座位，有事請讓其他人員幫助接聽電話。

第 15 條：前台接待專員對一時不好處理的問題，應及時向有關部門請示報告。

第 16 條：前台接待專員平時要提高警惕，發現情況及時報告。遇火險、治安等突發事件時，應積極配合保安在第一時間報警（火警 119、匪警 110），把損失降低到最低限度。

第 4 章　公司電話接待服務規定

第 17 條：電話鈴聲響起之後，應儘快拿起話筒並告訴對方「您好，這裏是 XX 公司」。在電話鈴聲響起 3 聲之內，必須接聽電話，以免引起來電者的失望或不快。

第 18 條：電話用語應簡潔、通順、禮貌、熱情，使對方感到心情舒暢，給對方留下較好的印象。

第 19 條：若來電指名找人，前台接待人員應迅速把電話轉給要找的人。若其要找的人是各部門領導，要儘量將電話轉給其秘書或助理。如果要找的人不在，應明確告訴對方；如果需要留言，必須做好記錄。

第 20 條：接聽電話時要認真，前台接待人員應備電話記錄本，重要的電話應做記錄。對於經常往來的電話，前台接待人員應備有他們的姓名和電話號碼，以便於查找。

第 21 條：若對方說話聲小，聽不清楚，前台接待人員不能大聲叫嚷，而要有禮貌地告訴對方「對不起，聲音有點小」。

第 22 條：通話時如果有客人來訪或快遞員等進入辦公場所，不得置之不理，應該點頭致意。如果需要與同事講話，應有禮貌地說「請您稍等」，然後捂住送話筒，小聲交談。

第 23 條：若通話突然中斷，不要立即掛斷電話，應該等對方掛斷之後再輕輕放下。

第 24 條：電話內容談畢，應該讓對方先結束電話，並以「再見」作為結束語，待對方放下電話之後，再輕輕地放下電話，以示對對方的尊重。

第 25 條：在電話中接到對方邀請和各種會議的通知時，應該熱情致謝。

第 5 章　附則

第 26 條：公司行政部擁有本制度的最終解釋權。

第 27 條：本制度自公佈之日起實行，望相關人員配合執行。

第四節　前台接待的管理流程

一、前台接待的管理流程

1.預約客人來訪的接待工作流程

預約客人來訪接待工作流程說明：

①各部門人員將預約客人情況知會前台，前台接待專員每日匯總當日預約記錄，整理出當天已事先預約的來訪者單位、職務、時間、事由、接待者

②通過電話等方式提醒相關同事，確認客人到訪事宜

③客人到訪，禮貌相迎並讓其填寫《公司來訪客人登記表》

④確認客人身份及訪問對象、事由，及時通知被訪者，並安排客人等候

⑤被訪者確認來訪後告知讓客人等候及等候地點等事項

⑥前台接待專員指引或親自引領客人到指定的場所等待會見

⑦送走客人後，前台接待專員將來訪客人資訊錄入相關資訊系統

⑧當日來客訪問資訊的及時匯總，報前台接待主管審核後存檔

圖 4-4-1　預約客人來訪的接待工作流程

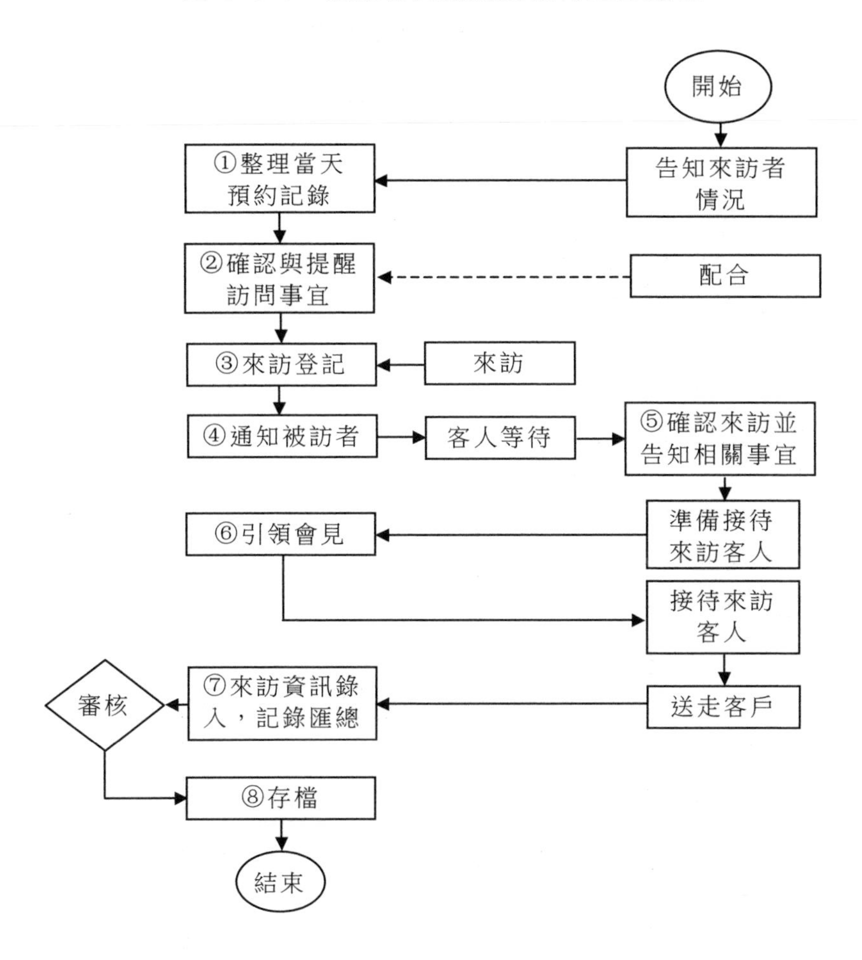

2.來電轉接流程

圖 4-4-2　來電轉接流程

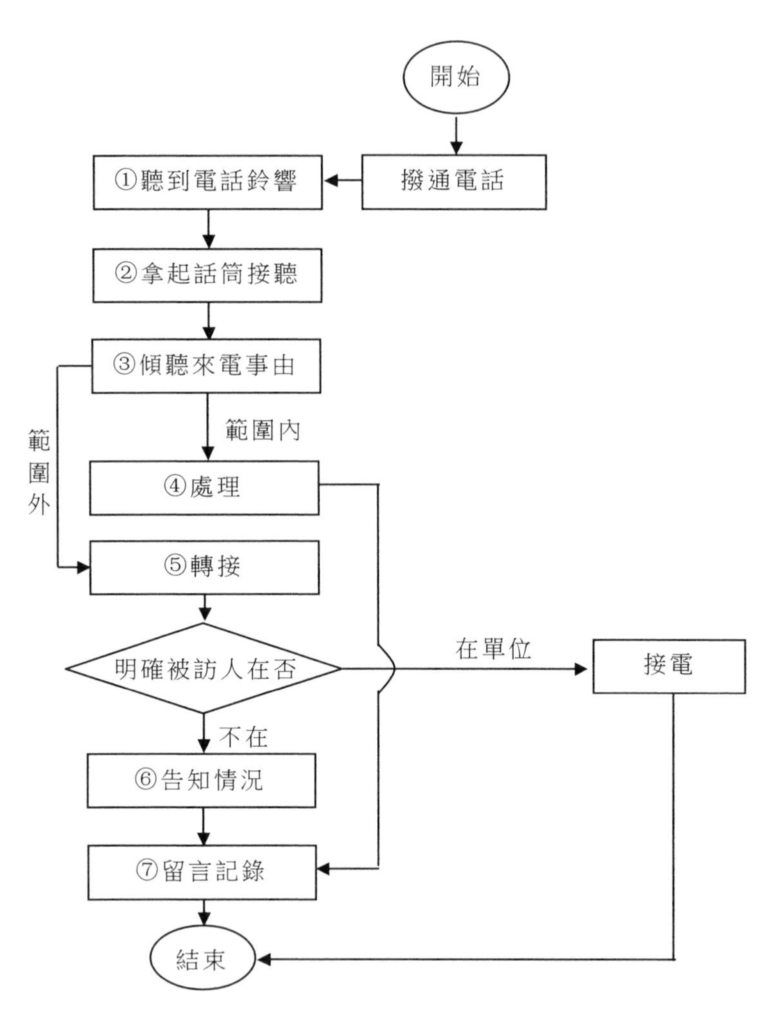

前台來電轉接流程說明：

①前台接待專員聽到電話鈴聲響起

②前台接待專員在電話鈴響 3 聲之內一定要拿起話筒接聽，電

話接通後，可說「您好，這裏是 XX 公司」

③前台接待專員認真傾聽對方來電事由

④前台接待專員對自己職責範圍內能夠處理的事情直接回覆對方

⑤前台接待專員對自己職責範圍外或直接找人的電話進行轉接，若明確知道對方要找的人在辦公室，則進行轉接。

⑥若前台接待專員明確知道對方要找的人不在辦公室，則明確告知對方，並請對方留言或問明事由自己代為轉告

⑦若對方同意留言或前台接待專員代為轉告，則前台接待專員要記錄清楚對方的單位、姓名、聯繫方式、要找的本公司人員、事由等，並跟對方確認無誤後結束通話

二、前台的收發文件管理流程

1.信函收發工作流程

信函收發工作流程說明：

①前台人員接收到外部信函，根據信函的類型和日期整理、分類

②前台人員在信函登記簿上進行登記，對於報刊雜誌、商品和郵購廣告，除非與主管有直接關係，一般由前台人員處置，或者用紅筆將有關事項勾出，以便行政經理參閱

③信函歸類後，送行政經理審核，前台人員對信函進行分發，其他職能部門接收到前台人員發來的信函

④前台人員對剩下的不能分發的信函，進行拆封

⑤前台人員根據信函內容的要求及時進行回覆

⑥擬稿回覆擬稿經過行政經理的審核後，郵寄信函

⑦對回覆的信底稿進行存檔

圖 4-4-3 信函收發工作流程

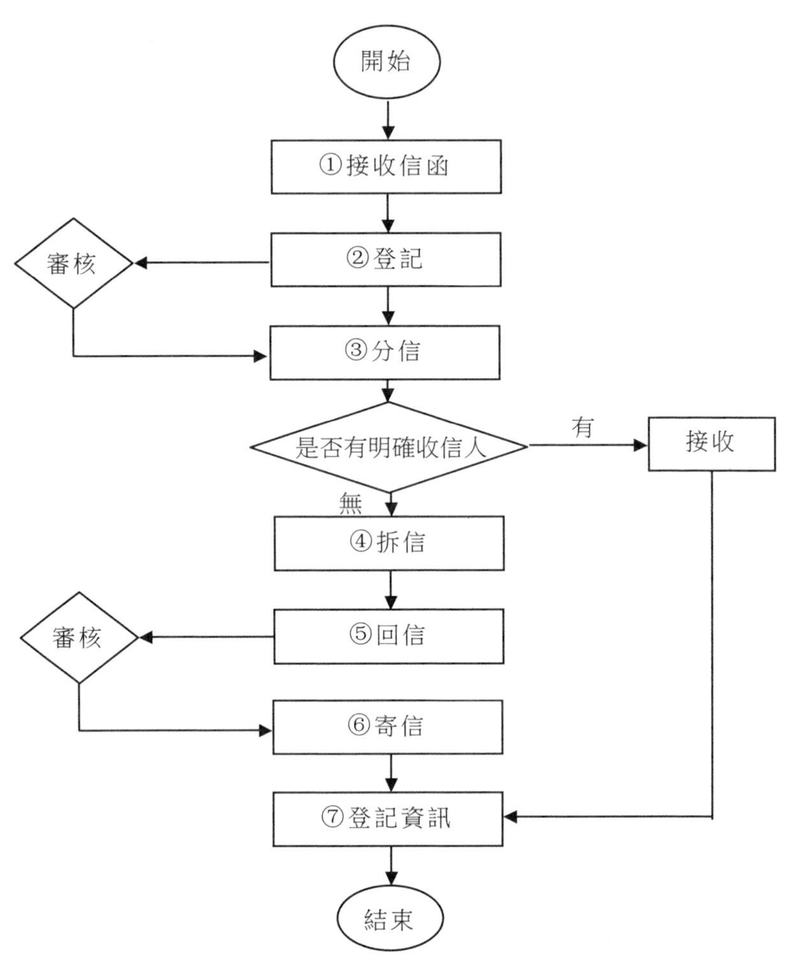

2.接收信、快件工作流程

接收信函、快件工作流程說明：

①外部單位通過快遞、郵寄等方式發來文件、信函、資料等，前台接待專員簽收

②前台接待專員將收到的文件、信函進行登記，填寫《信函與文件接收登記表》

③前台接待專員登記後按照部門進行篩選分類

④前台接待專員將分揀出的信函、快件分送到相應收件部門

⑤各部門簽收後，前台接待專員每日將接收信件資料進行統計、存檔

圖 4-4-4　接收信、快件工作流程

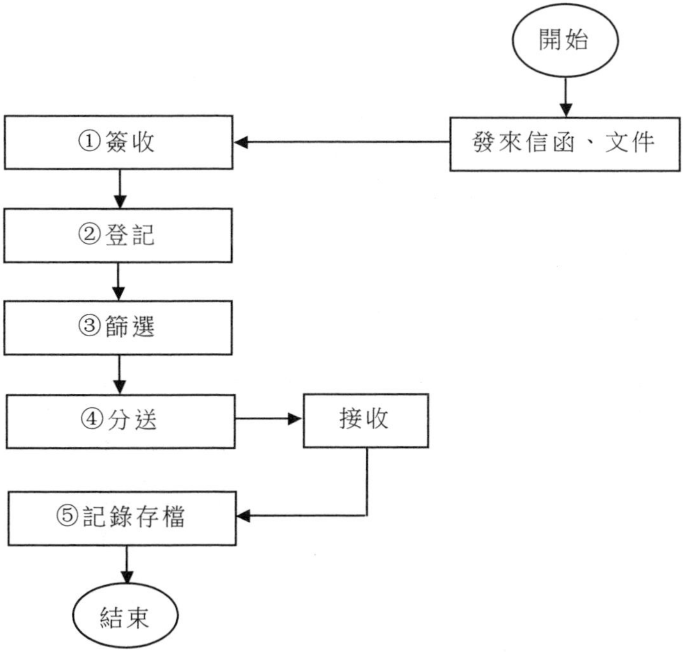

開始
發來信函、文件
①簽收
②登記
③篩選
④分送
接收
⑤記錄存檔
結束

3.寄送信函、快件的工作流程

寄送信函、快件工作流程說明：

①各職能部門將需要郵寄、快遞的信函、物品等送至前台，交待寄送地點、收件人等資訊

②前台接待專員確認清楚各項事宜，接收信件、物品

③前台接待專員將需要寄送的信、物品進行登記，以存檔和備查

④前台接待專員根據寄送物品的種類確認寄送方式，若是快遞則聯絡快遞公司取件，若是郵寄則需安排好自己的工作直接去最近的郵局辦理

⑤快遞公司、郵局接到信函、快件後分揀、發送

圖 4-4-5　寄送信函、快件的工作流程

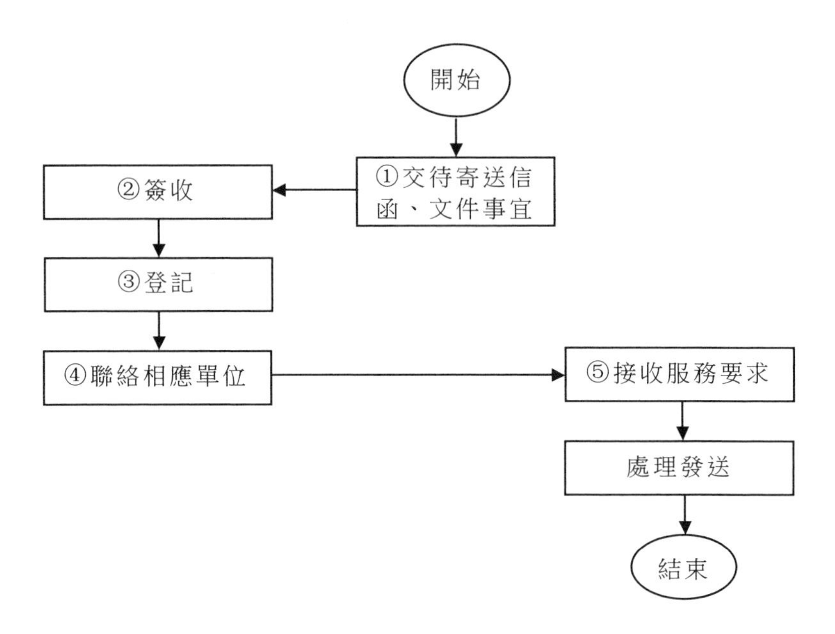

4.傳真發文件的工作流程

傳真發文工作流程說明：

①行政部人員根據傳真收文的情況或上級的指導，提出發文申請，申請表要寫明傳真發文的理由、日期等；對於一般性的傳真發文，行政經理進行核實、審批，重要的發文送總經理審核

②經過審核通過後，前台接待專員在傳真發文登記簿上進行傳真發文登記

③登記後，前台接待專員把傳真發送出去並確認對方是否收到

④前台接待專員將傳真原件存檔

圖 4-4-6　傳真發文件的工作流程

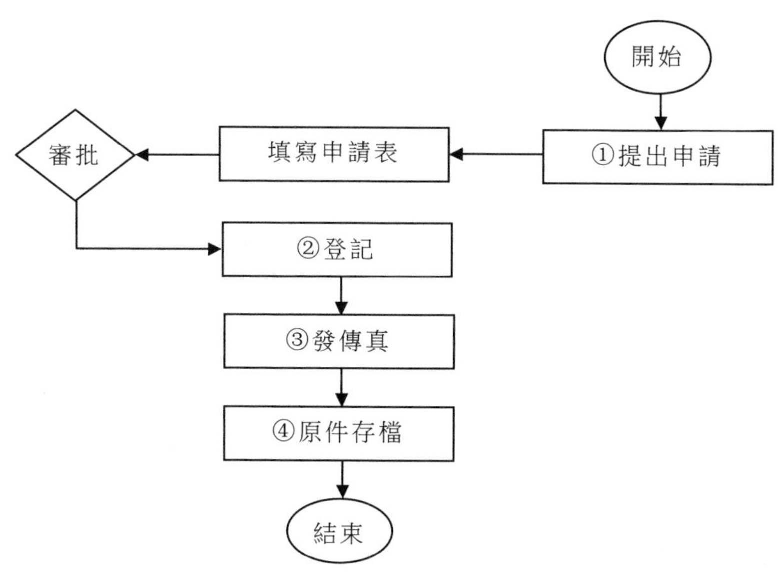

5.傳真收文件的工作流程

傳真收文工作流程說明：

①前台接待專員接到其他公司人員發來的傳真

②前台接待專員在傳真收文登記簿上進行登記

③登記後，前台接待專員應將傳真原件複印一份

④複印後，前台接待專員將傳真原件存檔

⑤前台接待專員將傳真的影本交與接收人，由接收部門承辦相關工作

圖 4-4-7　傳真收文件的工作流程

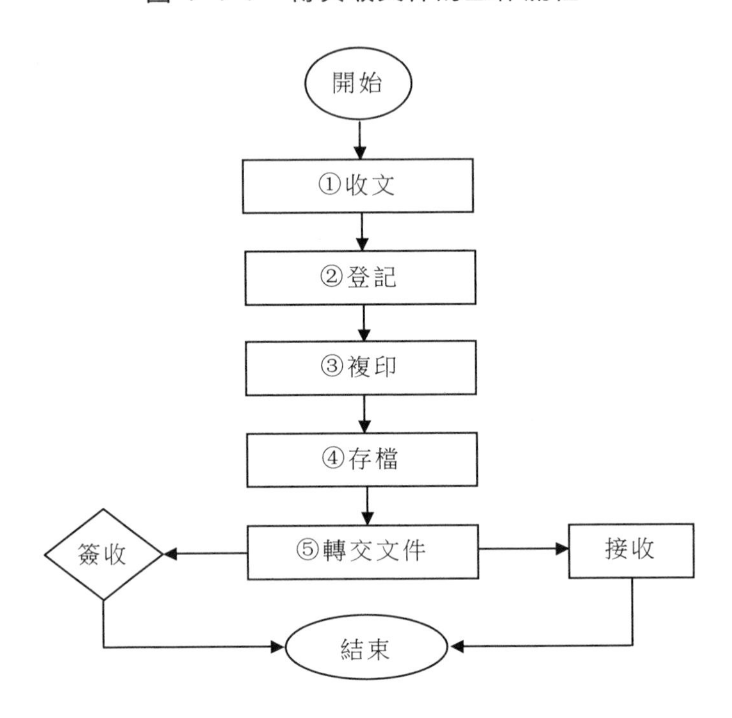

6.收文背簽的流程

收文背簽流程說明：

①行政部將需要簽字的文件交由前台，並由前台接待專員送總經理審核

②總經理審核後，送需要辦理簽字的部門進行承辦

③各部門領導接到文件後，進行核查、簽字

④簽字後的文件轉交行政部，行政部前台接到轉交的文件，把簽字的文件按照文件處理辦法存檔、保存

圖 4-4-8　收文背簽的流程

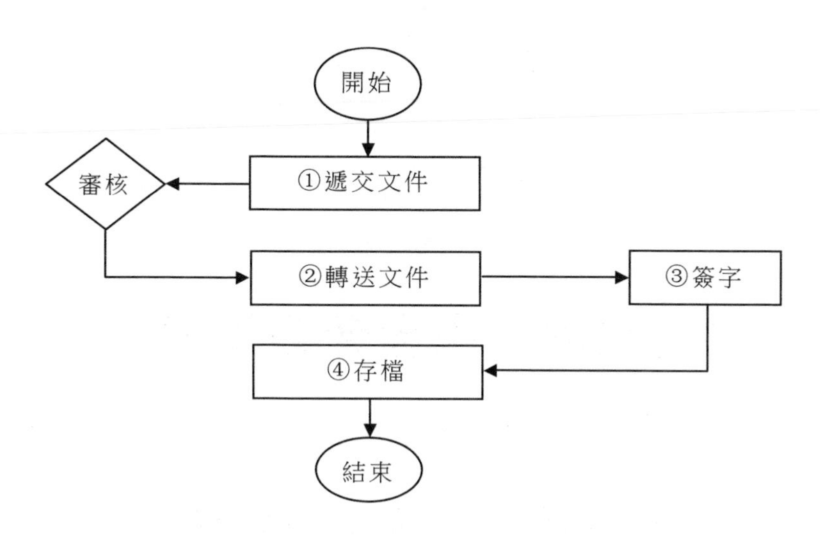

心得欄 ----------------------------------

第 5 章

行政部的來賓參觀管理

第一節　公務接待制度

第 1 章　總則

第 1 條　目的

為規範公務接待工作，樹立公司的良好形象，特制定本制度。

第 2 條　公務接待的範圍

公務接待包括接待前來檢查指導工作、學習考察、聯繫工作和召開會議等的有關主管和來賓。

第 3 條　管理部門

1. 行政部是公司公務接待的主管部門，負責協調公司的公務接待活動。

2. 公司其他職能部門的公務接待活動，由活動舉辦部門自行承辦，行政部予以必要的協助。

第 2 章　接待準備工作細則

第 4 條　接待管理部門應根據來訪單位(團體、個人)的要求，針對不同情況做出及時處理。

1. 有關單位檢查指導工作時，要按照事先安排的接待計劃，做好接待前的準備工作，確保接待工作有序進行。

2. 單位(團體)聯繫考察、學習時，接待人員要問清時間、內容，帶隊主管的姓名、職務，來客總人數，是否用餐等情況，報告公司主管，並按指示妥善安排。不能安排的，要向客人解釋清楚。

3. 有關單位要求公司解決某些業務方面的問題時，經公司主管同意後，安排相關部門接待。

4. 凡要求會見公司主管的客人，要首先問清客人姓名、工作單位和來訪意圖等情況，向公司主管請示後再安排。

5. 如果來訪客人商洽的事項比較簡單，涉及的問題都在行政部職權範圍內，可由行政部直接處理。

第 5 條　相關部門按照主管要求，準備好接待工作中需要的公司相關文件資料、產品等。

第 6 條　行政部要做好接待地點的衛生工作，並準備茶具、飲用水等。

第 7 條　接待人員要提前安排好客人住宿、用餐等事宜。

第 8 條　接待人員在接待過程中要嚴格遵守公司的禮儀規範。

第 9 條　接待人員凡遇到超出自己職權範圍的問題，應主動向主管請示，不能擅自做主。

第 3 章　涉外公務接待

第 10 條　公司接待外賓時，除由總經理或其他高級管理人員親自接待以外，其餘由行政部配合有關部門安排接待工作。

第 11 條　外事接待工作必須按照公司的有關規定和統一部署安

排。

第 12 條　外事接待工作的基本原則是：認真負責、熱情週到、不卑不亢、言行得體和嚴守機密。

第 13 條　外賓來訪時，接待人員要準確掌握客人乘坐的交通工具抵離的時間，提前通知有關單位和人員做好接送準備。

第 14 條　外賓來訪時，接待人員要根據來訪者的目的、規格、興趣、意願等安排參觀項目，確定活動內容，擬訂接待方案，報請主管批准。

第 15 條　公司應根據批准的接待方案，認真做好業務洽談工作，洽談時如遇到超出權限範圍的事情，向公司請示。

第 16 條　安排外賓用餐時除特殊情況外，原則上陪同人員不得超過兩名；安排娛樂活動時，陪同人員也應適當控制，杜絕高消費、大吃大喝等現象。

第 17 條　在接待外賓過程中，要做好安全保衛工作。

第 4 章　接待費用管理

第 18 條　接待標準

1. 住宿標準

安排住宿人員時，原則上在公司所屬賓館或招待所訂房，特殊情況可在其他賓館訂房。

2. 用餐標準

(1)用餐標準為：宴請公司負責人以上主管(含隨行人員，下同)，每人每餐____元；宴請公司部門主管、業務合作公司主管，每人每餐____元；宴請業務合作公司部門主管、公司管理人員，每人每餐元；宴請普通工作人員，每人每餐____元，工作餐統一按每人每天元(早餐____元，中、晚餐____元)的標準。宴請公司主管以上人員時，酒水費用可另計，其他宴請標準含酒水消費。

⑵由公司高層出面宴請的費用標準不受以上限制，原則上由行政部統一辦理。

⑶無論宴請那一級主管，除公司主管外，其他陪餐人員不超過人。

第 19 條　接待費用

1. 接待費用的使用應遵循勤儉節約、效能優先的原則。

2. 接待費用的使用只限於招待來賓用餐、娛樂、購買禮物，不得挪作他用。

3. 接待人員在招待任務完成之後須及時(____小時之內)憑「請款單」和接待費用的正式發票到財務部辦理報銷手續。

第 20 條　接待費用審批

1. 接待費用審批權限

⑴接待費用金額在______元(含)以下的由行政部經理批准。

⑵______元～______元(含)由行政總監批准。

⑶______元～______(含)由總經理批准。

⑷______元以上由董事會批准。

2. 接待人員原則上應事先填寫「接待請款單」，經批准後實行。特殊情況必須向批准人提前口頭聲明，獲准後方可實行，事後必須補辦相應手續，否則財務部有權拒絕報銷。

3. 除辦公室分管主任、主任或辦公室指定的專人外，其他人員一律不得在餐廳、賓館、餐館和商店簽單，否則費用自理，公司不予報銷。

第二節　公司商務接待方案

1. 目的

商務接待是公司行政事務和公關活動的重要組成部份。為使公司商務接待工作規範有序，塑造統一的公司形象，合理控制接待費用，特制定本方案。

2. 適用範圍

本方案適用於公司所有商務接待活動，包括公司及所屬各部門，以及各子、分公司經營管理活動所必需的接送、食宿、購票、會談和陪同參觀等方面的安排工作。

3. 接待責任單位

公司的一般商務接待活動由行政部負責實施，各相關部門給予配合。遇到重大接待工作和活動，可由總經理或行政總監協調若干部門共同做好此項工作，有關部門要積極主動配合。行政部應以本方案為範本，結合公司的接待制度，制定具體的接待方案並組織實施。

4. 接待準備工作

⑴瞭解接待對象的情況（如表 5-2-1）

⑵制訂接待計劃

一個完善的接待計劃應包括接待規格、日程安排、費用預算等內容。負責接待的人員做好計劃後，應根據接待規模的大小報審批後實施。

接待規格是指接待工作的具體標準，包括接待規模的大小，主要陪同人員職務的高低以及接待費用的多少等，一般分為高格接待、對等接待和低格接待三種形式。

表 5-2-1　接待對象情況表

來賓情況	具體內容
個人情況	姓名、性別、年齡、職務、民族、宗教信仰、生活習俗、國別、地區、所代表的機構或組織等
來訪事由	明確接待對象的來訪目的、意圖和任務
其他情況	具體人數、抵達時間和地點、離開的時間、乘坐的交通工具、行程路線及其日程安排

表 5-2-2　接待規格表

接待規格	說明	具體形式
高格接待	指陪客比來賓職務高而採取的一種接待方式	上級派一般工作人員向下級口授意見或要求時，級主管下要高格接待，出面作陪 協作單位的主管派員到本單位商量重要事宜時，本單位主管要出面，高格接待 下級有重要的事情向上級彙報時，要高格接待
對等接待	指陪同與來賓的職務、級別大體相同而採取的一種接待形式	對重要的來訪者，負責接待的主管要始終陪同 對來賓初到和告別時的對等接待，中間可以請適當人員陪同
低格接待	指陪客比來賓職務低而採用的一種接待形式	上級或主管部門來本地視察、瞭解情況或做一些調查研究，這種接待採用低格接待 外地參觀學習和旅遊團的接待工作只需採取低格接待 老主管故地重遊或上級路過本地只需採取低格接待

⑶活動日程

活動日程，也就是根據接待對象的來訪目的、日程安排等確定其在來訪期間的各項工作和活動的時間安排，接待人員要週密部署，安排好下列四項內容。

①接待的日期和具體時間。

②具體的接待活動內容及每一項活動的具體時間安排，如確定主持人、介紹重要客人、組織主管或重要客人致辭、安排合影和重要客人留言題字等。

③確定各項接待、活動的場地。如接待室、休息室、住宿地點、會議場所和宴會地點等，還要備好音響、照明設備、錄影機和花籃等。

④接待人員的各項工作安排。一般陪同、接送、剪綵、留言和題字等活動都要預先安排專人負責。其中，陪同人員包括主要陪同主管、相關的職能部門主管和有關的技術人員或其他人員，公關人員應根據來賓的情況事先擬訂各個項目的陪同人員及工作人員的名單，報主管批准，以便相關人員安排時間。

⑷費用預算

接待人員應以接待計劃為基礎，提前做好接待費用預算。一般費用預算包括招待費、食宿費、交通費、材料費和紀念品等，最好估算出大體數額，以便主管審批、申領費用等。

表 5-2-3　接待費用預算表

費用項目	主要內容	具體數量或規格	預計金額(元)
食宿費	來賓的食宿、宴請費用及工作人員的餐飲費用		
勞務費	工作人員的加班費、專家的講課和演講費等		
工作經費	租借場所、辦公用品、各種資料的準備費用等		
交通費	來賓訪問期間的交通費用		
紀念品費用	贈送來賓的紀念品或禮品的費用		
宣傳和公關費用	刊登新聞、紀念照片、記者招待會、新聞發佈會等		
其他費用	組織來賓參觀、旅遊和娛樂等的費用		
合計			

⑸其他事項計劃安排

在接待計劃中，還應體現如下表所示的五項工作安排，接待人員應仔細斟酌來賓情況，做出合理的計劃安排。

表 5-2-4 其他事項工作安排表

接待項目	具體事宜	應考慮的因素
生活安排	主要是安排來賓訪問期間的生活起居，包括飲食、住宿、出行	飲食安排：尊重來賓的習俗，儘量滿足來賓的要求 住宿安排：根據來賓的人數、性別、身份以及來賓的要求，預訂房間 出行安排：出於方便來賓的考慮，對其往來、停留期間所使用的交通工具，公關人員亦須提前做好安排
迎送安排	接機、接站和送行工作	根據確定的接待規格進行安排，包括歡迎儀式、接機接站人員、歡送儀式、送行事宜等
安全保衛	若接待重要來賓，接待人員要將安保工作列入計劃	要謹慎制定預案，高度重視，還要注重細節，從嚴要求
宣傳報導	若來賓的訪問活動對企業有重要影響，要事先做好宣傳準備，確定出席的新聞媒體或記者名單並提前聯絡	注意企業內部口徑統一，掌握分寸，並報上級部門批准 應向接待對象提供有關的的圖文報導資料，並存檔備案
禮品或紀念品	確定禮品或紀念品的種類、數量等	禮物選擇要輕重得當，不會讓人產生誤解 考慮來賓的風俗禁忌 禮品要有意義，應該是根據對方興趣愛好選擇的 ⑷禮品的選擇也可以是有當地特色的物品

5.實施接待

⑴制訂接待計劃

接待人員提前制訂接待計劃，提出接待意見，明確接待協助部門、人員、規格、方式、日程安排和費用預算，並報請上級批准。

⑵迎接安排

接待人員應根據來賓的身份、人數、性別預訂招待所或賓館，安排好伙食標準、進餐方式、時間和地點，並按抵達時間派人派車迎接。

⑶看望、商議日程

來賓到後，接待人員應根據計劃安排其入住預訂的招待所，並安排公司有關人員前往看望，表示歡迎和問候，瞭解其來訪日程和目的，商定活動日程並通知有關部門。

⑷接待中的具體事項要求

①接待規格及陪同人員要求

表 5-2-5　接待陪同人員等級表

接待類型	接待規格與陪同人員要求
經常性 商務接待	對於與公司經常發生業務往來的單位，一般由行政部經理或相關業務部門經理陪同接待，採用對等接待的形式
重點業務往來單位商務接待	由行政總監或總經理指定的其他高層主管出面陪同接待，採用對等或高格接待的形式
特殊客人 商務接待	對於與本公司有密切聯繫的特殊客人一般由總經理親自出面或指定專人陪同接待，採用高格接待的形式

②接待地點的選擇

表 5-2-6　接待地點劃定表

接待類型	接待地點
經常性商務接待	一般在公司會議室接待
重點業務往來單位商務接待	由公司高層陪同在專用會客室接待
特殊客人商務接待	由公司總經理臨時指定賓館酒店接待
參觀、訪問的接待	根據來訪對象情況確定入住的賓館

③會場安排

應事先精心安排會見場所、座位。當雙方人員較多、會場較大時，宜裝擴音系統。如果有外賓，桌上應放置中英文座位卡。

會見的座位排列：客人在右邊，公司人員坐左邊。團長安排在公司主談人右手第一位，副團長坐第二位，其他客人可依次落座。

④用餐標準及審批權限

商務接待過程中，需要用餐時應遵循以下標準。

表 5-2-7　用餐標準一覽表

招待對象	酒店標準	標準	審批權限
經常性商務接待	一般酒店	___元～___元/餐・人	行政總監
重點業務往來單位	___星級酒店	___元～___元/餐・人	總經理
特殊客人	___星級酒店	___元～___元/餐・人	總經理
其他參觀/訪問客人	視來訪人員的情況安排	視來訪人員的情況安排	行政總監或總經理

⑤住宿標準及審批權限

商務接待過程中，需要住宿時應遵循以下標準。

表 5-2-8　住宿標準一覽表

招待對象	酒店標準	標準	審批權限
經常性商務接待	一般酒店	___元～___元/天·人	總經理
重點業務往來單位	___星級酒店	___元～___元/天·人	總經理
特殊客人	___星級酒店	___元～___元/天·人	總經理
其他參觀/訪問客人	視來訪人員的情況安排	視來訪人員的情況安排	總經理

⑥交通及車輛安排

對於需要公司派車接送的商務接待活動，需提前制訂用車計劃，由行政部車輛主管進行調配。按照以下順序安排車輛。

· 經常性商務接待，由行政部調撥一般性公務車輛接送。

· 重點業務往來單位和特殊客人，由公司專門的迎賓車輛接送。

· 如果需要接送的人員過多，可透過租賃中巴車接送。

⑦參觀旅遊安排

公司商務接待過程中，原則上不安排旅遊活動，特殊情況下經總經理批准後方可執行。商務接待過程中，需要參觀公司的可以安排適當的時間由專人陪同參觀，參觀之後請參觀者留下寶貴意見。但要注意，公司核心工作區不在開放參觀之列，如遇特殊情況需經總經理批准。

⑧宴請

宴請的目的是多種多樣的，如為歡迎或歡送某代表團或個人，或回訪、答謝等。接待人員應對宴請類型做出不同的安排，從而達到宴請的目的。

表 5-2-9　公司宴請類型一覽表

宴請類型	適用場合
便宴	非正式宴會，常見的如午宴、晚宴，也有早餐。此形式簡便，除主人與主賓坐在一起外，其他人可以不排座次、不作正式講話。菜肴可酌情增減，氣氛比較隨和親切，適用於日常友好交往和工作招待
茶會	請客人品茶，有時也可用咖啡代替，主要用於與重要商務客人談事情、增進瞭解
酒會	以酒水為主，不設座椅。適用於公司的各種交往活動以及各種開幕、開張，簽字儀式和其他慶典活動
客飯	一般的宴請形式，簡樸即可
自助餐	通常在招待人數較多時使用。一般不排座位，客人站立而食，活動自由，取食隨意。食物以冷餐為主，食物與酒水連同餐具均陳設在餐桌上供客人自取，也可由招待員送
工作進餐	工作早餐、工作午餐和工作晚餐，指利用進餐時間邊吃邊談工作。在一些緊張的談判活動中可採用這種形式

⑨迎送安排

根據客人意見，公司預訂車、船、機票，協助客人結算食宿賬目，話別送行，派人派車送至車站、碼頭或機場。安排與商務接待對象相適應的人員送別，並為初次到來的客人贈送紀念品，注意贈送禮品的相關規定。

6.接待工作總結

每次完成較大規模的接待活動後，主要負責接待的人員應進行一次小結，以便總結經驗，改進後續工作。

第三節　來賓參觀管理規定

第 1 條　目的

為規範公司來賓參觀接待程序，特制定本規定。

第 2 條　參觀種類

參觀種類可以分為如下圖所示的兩大類別。

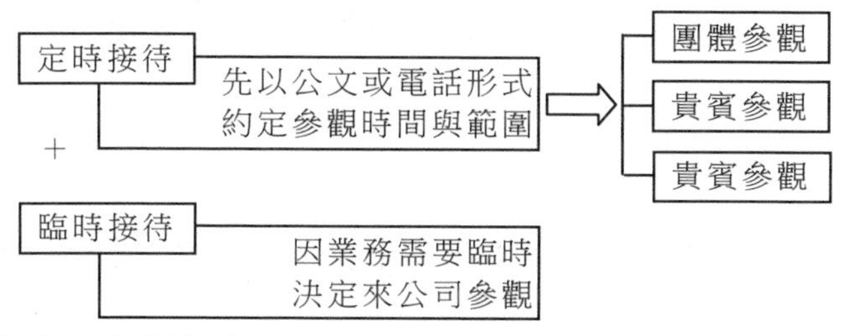

第 3 條　參觀規定

1. 凡欲參觀公司者，需事先與公司行政部取得聯繫，並填寫「參觀申請表」。

2.行政部對「參觀申請表」進行審核，經批准後由行政部或承辦部門安排專人負責參觀接待工作。

3. 貴賓參觀及團體參觀：由公司行政部核准並於參觀前___日將「參觀通知單」送交各部門，作為辦理接待的憑證，如事出緊急，可先以電話通知後補「參觀通知單」。

4. 普通參觀：由各部門經理核准，並於參觀前____日將「參觀通知單」送交各部門，作為接待的憑證。

5. 臨時參觀：由各部門(副)經理核定，並於參觀前____小時電話通知各部門安排好接待事宜。

6. 對未經核准的參觀請求，一律謝絕。

第6章

行政部的辦公事務管理

第一節　辦公事務管理的工作崗位職責

一、辦公事務主管的工作崗位職責

辦公事務主管主要負責對日常行政事務進行計劃安排、組織實施、資訊溝通、協調控制及檢查總結等方面的工作。通過對辦公事務進行有效管理，可以提高辦公人員的工作效率，進而提高企業的綜合競爭力。其主要職責如下所示。

· 組織擬訂辦公事務季、月發展計劃，送交部門經理審核

· 起草、擬訂辦公用品的需求計劃，報直接上級審批

· 負責組織辦公用品的登記、採購、發放以及控制辦公成本費用等工作

· 建立和完善公司固定資產和辦公用品管理制度

· 負責公司各種公章證照管理，並負責使用登記和年檢工作

· 起草、擬訂文件、資料、檔案管理制度，並監督執行情況
· 做好與有關部門的協調及聯繫
· 受理直接下級上報的合理化建議，按照程序處理
· 負責檢查本部門的安全、消防工作
· 負責辦公事務突發事件
· 負責向行政經理提請對辦公事務人員績效考核的建議
· 完成公司領導臨時交辦事件的處理

二、辦公事務的專員工作崗位職責

辦公事務專員作為辦公事務主管的主要助手，是日常辦公事務的主要執行者，擔負著辦公用品、辦公設備、檔案管理等工作，其主要職責如下所示。

· 協助部門主管做好各項辦公事務制度草擬工作
· 積極落實上級要求的各項任務，提供相關服務
· 負責公司辦公傢俱設備、辦公用品的採購工作
· 負責辦公用品的登記、發放管理
· 負責制定辦公傢俱、設備、用品的採購流程
· 負責監督辦公設備的日常使用、維護
· 負責電腦資訊資料管理
· 負責公司圖書、資料、合約等文檔的管理
· 提出辦公事務合理化建議，不斷改進工作
· 對於其他部門不符合行政事務管理規定的行為進行監督、檢查
· 協助其他部門作好會議、接待工作
· 完成領導臨時交辦的其他工作

三、行政辦公秘書的工作崗位職責

秘書的任務是負責為公司領導處理那些可以由他人完成的工作並為領導的工作做好準備。這些工作無論大小，都應該看做是領導的重要工作來接受。工作內容包括公文的收發、公章管理、高級接待等工作，其主要職責如下所示。

- 協助上級領導與企業內各部門進行聯絡、溝通與協調，做好上傳下達工作
- 負責公司證照、法律、合約文件的管理及變更登記工作
- 負責企業內、外各種來往文件的核對、頒佈和下發工作
- 妥善管理傳真機、影印機等辦公設備
- 嚴守公司機密，妥善保管各類文件
- 及時完成上級領導交辦的文件列印、複印工作
- 起草會議文件，及時完成會議記錄、紀要工作。
- 按照上級領導安排，出席某些會議
- 陪同公司領導出席重要商務接待及對外聯絡工作
- 協助公司領導起草各項規章制度
- 按照上級領導安排，協助其他部門一起組織企業重大活動
- 完成領導臨時交辦的其他工作

第二節　辦公用品管理制度

一、辦公用品管理制度

第 1 章　總則

第 1 條：本公司為規範辦公用品的發放工作，特制定本規定。

第 2 條：公司各部門應本著節約的原則領取、使用辦公用品。

第 3 條：辦公用品的採購與管理由行政部統一負責。

第 4 條：本制度適用於公司全體員工。

第 2 章　辦公用品的申請

第 5 條：對於日常易耗品申請，直接由申請部門填寫申請單(見下表)，經主管簽字確認後，到行政部登記領取。

表 6-2-1　某公司易耗品申請單

<table>
<tr><td colspan="2">部門</td><td colspan="2"></td><td colspan="2">領用人</td><td colspan="1">領用時間</td><td></td></tr>
<tr><td>序號</td><td>物品名稱</td><td>規格</td><td>數量</td><td>單位</td><td>用途</td><td>單價</td><td>總價</td></tr>
<tr><td></td><td></td><td></td><td></td><td></td><td></td><td></td><td></td></tr>
<tr><td></td><td></td><td></td><td></td><td></td><td></td><td></td><td></td></tr>
<tr><td></td><td></td><td></td><td></td><td></td><td></td><td></td><td></td></tr>
<tr><td colspan="4">領用人(簽字)

年　月　日</td><td colspan="4">主管領導(簽字)

年　月　日</td></tr>
</table>

第 6 條：各部門如申購辦公用品，還必須另填一份訂購審批單(見下表)，經辦公事務部門確認審核後，由辦公事務部門統一購買。

表 6-2-2　某公司辦公用品訂購審批單

部門		使用人		填表時間		
序號	物品名稱	規格	數量	單位	特殊要求	需求時間
訂購原因						
部門主管審批意見	簽字 年　月　日					
行政部門審批意見	簽字 年　月　日					
如果金額超過審批權限請行政總臨簽批						
意見	簽字 年　月　日					

第 7 條：在申請書中要寫明所要物品、數量、品質規格。

第 3 章　辦公用品的購買

第 8 條：為了統一限量、控制辦公用品規格以及節約經費開支，所有辦公用品的購買都由辦公事務部門統一購買。如有特殊情況，允許各部門在提出「辦公用品購買審批單」的前提下就近採購。在這種情況下，辦公事務部門有權進行審核，並且把審核結果連同審批單一起交付監督檢查部門保存，以作為日後使用情況報告書的審核與檢查依據。

第 9 條：購買量的確定。根據辦公用品庫存量情況以及消耗水準，確定訂購數量。

第 10 條：供應商的確定。辦公事務部門在購買辦公用品時，必須貨比三家選擇其中價格、品質最優者。

第 11 條：辦公事務部門必須依據訂購單，填寫「訂購進度控制卡(見下表)」，卡中應寫明訂購日期、訂購數量、單價以及向那個商店訂購等。

表 6-2-3　訂購進度控制卡

項目／物品名稱	訂購日期	訂購數量	單價	物品來源	到貨日期
辦公事務人員(簽字)			主管領導確認(簽字)		

第 12 條：所訂購辦公用品送到後，辦公事務部門要按送貨單進行驗收，核對品種、規格、數量與品質，確定無誤，在送貨單上加蓋印章，表示收到。然後，在訂購進度控制卡上做好登記，寫明到貨日期、數量等。

第 13 條：收到辦公用品後，對照訂貨單與訂購進度控制卡，開具支付傳票，經主管簽字、蓋章，做好登記，轉交出納室負責支付或結算。

第 4 章　辦公用品的核發

第 14 條：辦公事務部門依據申請部門的申請單，在所需物品全部到庫後，填寫辦公用品分發通知書(見下表)。

表 6-2-4　辦公用品分發通知書

需求部門		需求人		到貨時間	
物品名稱	規格	數量	單位	用途	單價
合計					
今物品已於___年___月___日到達我部門，請於___年___月___日之前領取					
接受人員（簽字）			主管領導確認（簽字）		

第 15 條：辦公事務專員進行核對後，把申請所要全部用品備齊，分發給各部門。

第 16 條：用品分發後做好登記，寫明分發日期、品名與數量等。一份申請書連同用品分發通知書，轉交辦公用品管理室記賬存檔；另一份作為用品分發通知，連同分發物品一起返回各部門。

第 5 章　辦公用品的保管

第 17 條：辦公事務部門必須對所有入庫辦公用品一一填寫台賬（見下表）。

表 6-2-5　辦公用品台賬

項目 物品名稱	編號	數量	單價	入庫時間	備註

編製：行政部　　　　填寫人（簽字）：

第 18 條：必須清楚地掌握辦公用品庫存情況，經常整理與清掃，必要時要實行防蟲等保護措施。

第 19 條：辦公用品倉庫一年盤點兩次。盤點工作由辦公事務主管負責。盤點要求做到賬物一致，如果不一致必須查找原因，然後調整台賬，使兩者一致。

第 20 條：印刷製品與各種用紙的管理按照盤存的台賬為基準，對領用的數量隨時進行記錄並進行加減，計算出餘量。一旦一批消耗品用完，應立即寫報告遞交辦公事務主管。

第 21 條：非易耗類辦公用品如有故障或損壞，應以舊換新，如遺失應由個人或部門賠償、自購。

第 22 條：所有辦公用品非工作原因嚴禁帶出公司。

第 6 章　辦公用品的報廢處理

第 23 條：報廢審核。對於各部門提交的報廢物品清單（見下表），辦公事務專員要認真審核，確認其不能再次利用後，經辦公事務主管簽字方可做報廢處理。

表 6-2-6　報廢物品清單

<table>
<tr><th>物品編號</th><th>物品名稱</th><th>數量</th><th>單價</th><th>出廠時間</th><th>使用時間</th><th>報廢類型</th><th>報廢原因</th></tr>
<tr><td></td><td></td><td></td><td></td><td></td><td></td><td></td><td></td></tr>
<tr><td></td><td></td><td></td><td></td><td></td><td></td><td></td><td></td></tr>
<tr><td colspan="2">以上物品本部門申請報廢處理意見</td><td colspan="6">部門主管（簽字）</td></tr>
<tr><td colspan="2">辦公事務專員</td><td colspan="6">□同意報廢處理　□不同意報廢處理
辦公事務專員（簽字）</td></tr>
<tr><td colspan="2">辦公事務主管</td><td colspan="6">□同意報廢處理　□不同意報廢處理
辦公事務主管（簽字）</td></tr>
</table>

第 24 條：對決定報廢的辦公用品，要做好登記，在報廢處理冊上寫清用品名稱、價格、數量及報廢處理的其他有關事項。

第 25 條：報廢品不得隨意丟棄，應集中存放、集中處理。

第 7 章　辦公用品使用的監督

第 26 條：辦公事務部門定期核對用品申請書與實際使用情況。

第 27 條：辦公事務部門不定期核對用品領用傳票與用品台賬。

第 28 條：辦公事務部門不定期對各部門辦公用品使用情況進行檢查，杜絕浪費辦公用品行為。

第 8 章　附則

第 29 條：本制度經總經理辦公會討論通過。

第 30 條：本制度自發佈之日起執行。

二、辦公設備管理制度

第 1 章　總則

第 1 條：為了保證公司辦公設備正常運轉，提高辦公設備工作效率和使用效率，特制定本制度。

第 2 條：本制度所指辦公設備包括電話、電腦、印表機、影印機、傳真機等。

第 3 條：本制度適用於公司全體員工。

第 2 章　辦公設備購買

第 4 條：辦公設備購買由各部門在年初部門計劃中統一列入預算，經公司領導審批後由辦公事務部門統一以招標形式購買。

第 5 條：對於臨時增購的辦公設備要經總經理審批同意方可。

第 3 章　電腦使用管理

第 6 條：專人專管

(1)每台電腦指定專門人員上機，負責日常操作，非操作人員不得隨意上機。

(2)電腦使用人員設密碼管理，密碼屬公司機密，未經批准不得向任何人洩露。

第 7 條：操作規定

(1)嚴禁在電腦上從事與本職工作無關的事項，嚴禁使用電腦玩電子遊戲。

(2)不得使用未經病毒檢查的軟碟，防止病毒入侵。

(3)嚴禁私自拷貝、洩露涉及公司有關機密的文件資料。

第 8 條：病毒防護

(1)裝有軟盤機的電腦一律不得入網。

(2)對於聯網的電腦，任何人在未經批准的情況下，不得從網路複製軟體或文檔。

(3)對於尚未聯網的電腦，其軟體的安裝由電腦室負責。

(4)任何電腦需安裝軟體時，須由相關專業負責人提出書面報告，經部門主管同意後，由專業人員負責安裝。

(5)所有電腦不得安裝遊戲軟體。

(6)數據的備份由相關專業負責人管理，備用的軟碟由專業負責人提供。

(7)軟體在使用前，必須確保無病毒。

(8)任何人未經過他人同意，不得使用他人的電腦。

第 9 條：硬體保護

(1)除負責硬體維護的人員外，任何人不得隨意拆卸所使用的電腦設備。

(2)硬體維護人員在拆卸電腦時，必須採取必要的防靜電措施。

(3)硬體維護人員在作業完成後或準備離去時，必須將所拆卸的設備復原。

(4)各部門負責人必須認真落實所轄電腦及配套設備的使用和保養責任。

(5)各部門負責人必須採取必要措施，確保所用電腦及外設始終處於整潔和良好的狀態。

(6)所有帶鎖的電腦，在使用完畢或離去前必須上鎖。

(7)對於關鍵的電腦設備應配備必要的斷電繼電設施以保護電源。

第 10 條：電腦保養

(1)保持電腦的清潔，嚴禁在電腦前吸煙、吃東西等，嚴禁用手、銳物觸摸螢幕。使用人在離開前應退出系統並關閉電腦，蓋上防塵罩。確保所用的電腦及外設始終處於整潔和良好狀態。

(2)定期(每月末)對電腦內資料進行整理，做好備份及刪除不必要的文件資料，保證電腦內運行空間的暢足。備份的磁片由電腦管理員保管。

(3)定期(每月一次)由指定的專業電腦維護公司進行維護和保養。

第 4 章　電話使用管理

第 11 條：電話由行政部統一負責管理，各部門主管負責監督與控制使用。

第 12 條：每次通話時間以 3 分鐘為限。通話時應簡潔扼要，以免耗時佔線、浪費資金。

第 13 條：使用前應對通話內容稍加構思或擬出提綱。

第 14 條：各種外線電話須配置專用長途電話記錄表，並逐次記錄使用人、受話人、起止時間、聯絡事項及交涉結果。該記錄表每月轉辦公事務主管審閱。

第 15 條：長途電話限主管以上人員使用，其他人員使用長途電話需先經主管批准。

第 16 條：禁止因私拔打長途電話。

第 5 章　印表機、影印機使用管理

第 17 條：印表機、影印機由專人負責管理使用，其他人員未經批准不得擅自使用。

第 18 條：列印、複印文件資料要辦理審批手續，詳細填寫列印、複印的時間、標題、份數、密級，經主管批准簽字後方可。

第 19 條：凡需列印的文件、表格等，字跡要清楚、語句要通順。列印的文件由擬稿部門負責校對。

第 20 條：為確保影印機的安全運轉，每天開機時間不宜過長，急件經主管批准後，方可臨時開機。

第 21 條：列印複印人員要嚴守文件內容，做到不洩密、不失密。

第 6 章　傳真機使用管理

第 22 條：傳真機由專人保管使用，其他人員不得自行使用。

第 23 條：不得使用傳真機傳送個人材料，機密文件需經公司領導批准。

第 24 條：建立傳真登記、簽收制度，立檔備案。

第 25 條：每天下班後，傳真機設置為自動接收，以防止遺漏重要文件。

第 7 章　其他辦公設備使用管理

第 26 條：專管專用。公司所有辦公設備都要指定專人使用，其他人員若使用必須經設備主管人員批准方可。

第 27 條：辦公設備要定期進行養護，以免老化影響使用。

第 28 條：辦公設備使用人員要保證設備的安全。如果能夠上鎖，全部上鎖；如果因使用人員過失造成辦公設備丟失，要追究相關責

任人責任。

第 8 章　辦公設備使用監管

第 29 條：公司辦公事務部門負責對辦公設備使用情況進行不定期檢查。

第 30 條：公司辦公事務部門對違規使用人員有提請處罰的權力。

第三節　辦公費用控制方案

一、日常辦公費用控制

日常辦公費用指為滿足日常辦公需要所發生的費用，包括購買辦公用品(文具、複印紙、辦公飲用水等)、郵遞、名片製作、刻章、配鑰匙等雜費。

1. 歸口管理部門

⑴歸口管理部門為行政部，負責辦公用品的日常實物管理。

⑵辦公用品由公司員工按行政部核定標準自行領用。

行政部每月對員工辦公用品領用情況進行匯總，行政部經理審核，對費用超支人員及時提示，並視情況對下月辦公用品領用額度進行核減。

2. 報銷審批權限

⑴辦公費用單筆金額超過 1 萬元(含 1 萬元)由總經理審批。

簽批流程：經辦人________ 部門主管________

部門經理________財務部門負責人________

行政總監________總經理________

財務報銷________

⑵辦公費用單筆金額在 4000 元(含 4000 元)到 1 萬元之間由行政總監審批。

簽批流程：經辦人_________部門主管_________

部門經理_______財務部門負責人_________

行政總監_______財務報銷_________

⑶辦公費用單筆金額在 4000 元以下的由部門經理審批。

簽批流程：經辦人_________部門主管_________

部門經理_______財務部門負責人_________

財務報銷_______

二、維修費用控制

各部門設備出現品質問題需報行政部，對於保修期內的設備，由行政部直接聯繫廠家維修。對於保修期以外的設備，行政部接到報修後，先與維修站聯繫，確定修理費用，然後報審批後進行維修。

1. 歸口管理部門

歸口管理部門為行政部，負責維修費用的日常管理。

2. 報銷審批權限

⑴設備維修費用單筆金額超過 2000 元(含 2000 元)由行政總監審批。

簽批流程：經辦人__________部門主管_______

行政部經理______財務部門負責人_______

行政總監________財務報銷_______

⑵設備維修費用單筆金額在 2000 元以下的由部門經理審批。

簽批流程：經辦人__________部門主管_________

行政部經理＿＿＿＿財務報銷＿＿＿＿

財務部門負責人＿＿＿＿＿＿＿＿

3. 修理費年度控制

總金額不應超過年度預算。

三、印刷費用控制

印刷費是指因公印製文件、會議材料、資料、期刊、書籍、年鑑、宣傳品、講義、培訓教材、報表、票據、證書、公文用紙、信封等印刷品所發生的費用。

1. 歸口管理部門

歸口管理部門為行政部，負責印刷費用的核定、印刷品質監督與執行，堅持從簡、質優、價廉的原則。

業務部門提出書面申請，交行政部，經審批同意後，統一由行政部聯繫印刷。

2. 報銷審批權限

⑴印刷費用單筆金額超過 2000 元(含 2000 元)的由行政總監負責審批。

簽批流程：經辦人＿＿＿＿＿部門主管＿＿＿＿

行政部經理＿＿＿＿財務部門負責人＿＿＿＿

行政總監＿＿＿＿＿財務報銷＿＿＿＿

⑵印刷費用單筆金額在 2000 元以下由部門經理審批。

簽批流程：經辦人＿＿＿＿＿部門主管＿＿＿＿

行政部經理＿＿＿＿財務部門負責人＿＿＿＿

財務報銷＿＿＿＿

3. 印刷費年度控制

總金額不應超過年度預算。

四、圖書資料費用控制

圖書資料費是指公司機關訂閱專業書籍、參考資料及報刊雜誌的支出。

1. 歸口管理部門

歸口管理部門為行政部，負責預算控制、訂閱及報銷等日常工作。

2. 報銷審批權限

(1)圖書資料費單筆金額超過 2000 元(含 2000 元)的由行政總監審批。

簽批流程：經辦人＿＿＿＿＿＿＿部門主管＿＿＿＿

財務部門負責人＿＿＿＿行政總監＿＿＿＿

財務報銷＿＿＿＿＿＿

(2)圖書資料費在預算範圍內單筆金額在 2000 元以下的由部門經理審批。

簽批流程：經辦人＿＿＿＿＿部門主管＿＿＿＿

行政部經理＿＿＿＿財務部門負責人＿＿＿＿

財務報銷＿＿＿＿

3. 年度圖書資料費

總金額應控制在年度預算之內。

表 6-3-1 某公司 XX 年度辦公費用預算表

單位:元

費用名稱 / 部門	日常辦公費用	維修費用	印刷費用	微機網路費用	諮詢費用	圖書資料費用	其他費用	合計
行政部	10000	5000	1000	3000	5000	5000	2000	103000
人力資源部	5000	3000	8000	2000	10000	3000	5000	46000
生產部	3000	2000	5000	1000	0	2000	1000	23000
銷售部	8000	3000	1500	5000	0	2000	2000	53000
研發部	3000	3000	3000	5000	0	5000	1500	34000
售後服務部	4000	2000	5000	3000	0	2000	1000	26000
合計	33000	1800	4600	19000	6000	19000	9000	285000

心得欄 --

第四節　文書檔案管理制度

一、文書管理制度

第 1 章　總則

第 1 條：為使公司公文處理準確、及時，提高公文處理的工作效率和公文的品質，特制定本辦法。

第 2 條：公司各部門與外界來往文書的收發由辦公事務部門統一負責。

第 3 條：辦公事務部門指定人員負責來往文書的核稿及收發、拆封、登記、分發、稽催、校對、監印等事宜。

第 2 章　公文的種類

第 4 條：公司的通用公文種類

(1)請示

向上級部門請求請示、批准的事項。

(2)報告

向上級部門門報工作、反映情況、提出建議、答覆下級的請示事項。

(3)決定

對公司重要事項或重大活動做出安排。

(4)決議

經過會議討論或議定，要求貫徹執行的事項。

(5)批復

上級答覆下級的請示事項。

(6)通告

在公司範圍內公佈應當遵守或週知的事項。

(7)通知

傳達、批轉上級、同級、不相屬部門的公文；傳達要求下級部門協助或需要週知或共同執行的事項；發佈規章、任免聘用事項。

(8)通報

表彰先進，批評錯誤，傳達重要情況。

(9)函

對同級或不相屬單位間相互介紹、商洽、詢問、催辦、答覆某些問題，請有關部門批准。

(10)會議紀要

記載和表達會議重要精神及議定事項，要求與會單位共同遵守執行。

第 5 條：文書的保密等級劃分

(1)絕密。指極為重要並且不得向無關人員洩露內容的文書。

(2)秘密。指次重要並且所涉及內容不能向無關人員透露的文書。

(3)機密。指不宜向公司以外人員透露內容的文書。

(4)普通。指非機密文書。如果附有其他調查問卷之類的重要東西，則另當別論。

第 3 章　文書的收發

第 6 條：到達文書全部由文書主管部門接收，並按下列要點處置。

(1)一般文書予以啟封，分送各部門。

(2)私人信件直接送收信人。

(3)分送各部門的文書若有差錯，必須立即退回。

第 7 條：各部門的郵寄文書，必須於發送前在「發信登記本」與「郵資明細賬」上做好登記。

第 4 章　文書製作規範

第 8 條：公文格式

(1)公文內容

①**發文號**：由公司的代字、發文年度、發文順序號組成，位於文頭與界欄線上。

②**收文機關**：向上級的請示、報告，一般只寫一個主送單位，需同時報送另一個上級部門的，用「抄送」；對同級或下級則用「抄送」。

③**標題**：對公文主要內容的概括和反映，是公文的眉目。

④**正文**：公文的主體部份。

⑤**發文機關**：制發文的單位，位於正文的右下側，應寫全稱或通用簡稱。

⑥**公文日期**：包括年、月、日，寫在公文末尾，一般以印刷日期為準，重要公文以簽發日期為準。

⑦**公文印章**：加印在發文日期中間。

⑧**密級**：保密文件註明密級。

⑨**附件**：附件位於正文之後、印章之前，註明附件的序號、標題。

(2)用紙格式

本公司公文用紙一律以 A4 為標準紙，左側裝訂。

(3)印裝格式

①公文均採用橫書橫排。

②單面印刷可在上端裝訂，雙面印刷在左面裝訂。

③裝訂可用釘裝、膠粘辦法。

第 9 條：文書的署名

(1)公司內文書，如果是一般往來文書，只需主管署名；如果是單純的上報文書或者不涉及各部門且內容不重要的文書，只需部門署名；如果是重要文書，按責任範圍由總裁、副總裁、常務董事署名，或者署有關部門的主管姓名和職務。

(2)對外文書，如合約書、責任狀、政府許可申請書、回執、公告等重要文書，一律署總裁職務與姓名。如果是總裁委託事項可由指名責任者署名。上列規定以外的文書，也可署分公司或分支機構主管的職務與姓名。

第 10 條：文書的蓋章

(1)在正本上必須加蓋文書署名者的印章，副本可以加蓋署名者或所在部門印章。

(2)如果文書署名者不在，可加蓋代理者印章，並加蓋具體執行者印章。但在這種情況下，文書存檔前必須加蓋署名者印章。

(3)以部門或公司名義起草的文書，須在旁側加蓋有關責任者印章。

第 11 條：文書製作注意事項

(1)文書必須簡明扼要，一事一議，語言措辭力求準確規範。

(2)起草文書的理由包括起因以及中間交涉過程，並加以證明，附上相關資料與文件。

(3)必須明確起草文書的責任者，並署上請示審批提案者姓名。

(4)對請示提案文書進行修改時，修改者必須認真審閱原件，並且必須署名。

第 5 章　文書的整理與保存

第 12 條：文書的整理與保存

(1)全部完結的文書，在結辦後 3 天內，交行政主管歸存，按「完整、有序」原則對文件整理、檢查，按類別、年代立卷，分別按所屬部門、文件機密程度、整理編號和保存年限進行整理與編輯，並在「文書保存簿」上做好登記，歸檔保存。

(2)個人不得保存公司公文，凡參加會議帶回的文件，應及時交行政部登記保管，調離公司的員工應將文件和記錄本清理移交。

(3)分公司或分支機構的文書分為兩類：一類是特別重要的文書，直接歸主管保存；另一類是一般的文書，留存各部門保管。

第 13 條：文書的保存年限

(1)永久保存文書包括：章程、股東大會及董事會議事記錄、重要的制度性規定；重要的契約書、協議書、登記註冊文書；股票關係文書、重要的訴訟關係文書；重要的政府許可證件；有關公司歷史的文書；決算書和其他重要的文書。

(2)保存 10 年的文書包括：請求審批提案文書；人事任命文書；獎金薪水與津貼有關文書；財務會計賬簿、傳票與會計分析報表以及永久保存以外的重要文書。

(3)保存 5 年的文書，指不需要保存 10 年的次重要文書。

(4)保存 1 年的文書，指無關緊要或者臨時性文書。如果是調查報告則由所在部門主管負責確定保存年限。

第 14 條：注意事項

(1)重要的機密文件，一律存放在保險櫃或帶鎖的文件櫃中。

(2)保存期滿及沒必要繼續保存的文書，經主管決定，填寫銷毀的理由和日期之後，予以銷毀。機要文書一律以焚燒的方式銷毀。任何個人不准擅自銷毀文件，或以廢紙出售。不需立卷的文件材料逐件登記報公司批准銷毀。

(3)銷毀秘密級以上文件要進行登記，有專人監督，保證不丟失、不遺漏。

(4)如果職務或部門劃分發生變更或者做出調整，則必須在有關登記簿上註明變更與調整的理由，以及變更與調整後的結果。

(5)必須做好重要文書的借閱登記工作，並註明歸還日期。一切借閱都必須出具借閱證。

二、檔案管理制度

第1條：管理部門

1. 文書結案後，原稿由行政部門歸檔，經辦部門根據實際需要留存影本。如因業務處理需要，原稿須由經辦部門保管，應經文書管理部門主管同意後妥善保存，文書管理部門以影本歸檔。

2. 各分公司檔案分類目錄及編號原則，由公司辦公事務部門統一制定。

第2條：文件點收

文件結案移送歸檔時，根據如下原則點收：

1. 檢查文件的文本及附件是否完整，如有短缺，應立即追查歸入；

2. 文件如經過抽查，應有管理部門主管的簽認；

3. 文件的處理手續必須完備，如有遺漏，應立即退回經辦部門科室；

4. 與本案無關的文件或不應隨案歸檔的文件，應立即退回經辦部門；

5. 有價證券或其他貴重物品，應退回經辦部門，經辦部門送指定保管部門簽收後，將文件歸檔處理。

表 6-4-1　檔案目錄卡

檔號：　　　　　　　　　　　　　　　　　　　　卷名：

本案文件目錄					
件數	收文號	來文號	發文號	頁數	備註

第 3 條：文件整理

點收文件後，應依下列方式整理：

1. 中文直寫文件以右方裝訂為原則，中文橫寫或外文文件則以左方裝訂為原則；

2. 右方裝訂文件及其附件均應對準右上角，左方裝訂則對準左上角、理齊釘牢；

3. 文件如有皺褶、破損、參差不齊等情形，應先補整、裁切、折疊，使其整齊劃一。

第 4 條：檔案分類

(1)檔案分類應視案件內容、部門組織、業務項目等因素，按部門、大類、小類三級分類。先以部門區分，然後依案件性質分為若干大類，再在同類中依序分為若干小類。

(2)檔案分類應力求切合實用。如果因案件較多、三級分類不夠應用時，須在第三級之後增設第四級「細類」。如案件不多，也可僅使用「部門」及「大類」或「小類」二級。

(3)同一「小類」(或「細類」)的案件以裝訂於一個檔夾為原則，如案件較多，一個檔夾不夠使用時，可分為兩個以上的檔類裝訂，並於小類(或細類)之後增設「卷次」編號，以便查考。

(4)每一檔夾封面內首頁應設「目次表」，案件歸檔時依序編號、登錄，並以每一案一個「目次」編號為原則。

(5)檔號的表示方式如下：

A_1A_2——$B_1B_2C_1C_2D_1$——E_1E_2

其中 A_1A_2 為經辦部門代號，B_1B_2 為大類號，C_1C_2 為小類號。D1 為檔案卷次，E_1E_2 為檔案目次。

第 5 條：檔案名稱及編號

(1)檔案各級分類應賦予統一名稱，其名稱應簡明扼要，以充分表明檔案內容性質為原則，並且要有一定範疇，不能籠統含糊。

(2)各級分類、卷次及目次的編號，均以十進位阿拉伯數字表示，其位數使用視案件多少及增長情形斟酌決定。

(3)檔案分類各級名稱經確定後，應編製「檔案分類編號表」，將所有分類各級名稱及其代表數字編號，用一定順序依次排列，以便查閱。

(4)檔案分類各級編號內應預留若干空檔，以備將來組織擴大或業務增多時，隨時增補之用。

(5)檔案分類各級名稱及其代表數字一經確定，不宜任意修改，如確有修改必要，應事先審查討論，並擬定新舊檔案分類編號對照表，以免混淆。

第 6 條：檔案編號

(1)新檔案。應從「檔案分類編號表」查明該檔案所屬類別及其卷次、目次順序，以此來編列檔號。

(2)檔案如何歸屬前案，應查明前案的檔號並予以同號編列。

(3)檔號以一案一號為原則，遇有一檔案件敍述數事或一案歸入多類者，應先確定其主要類別，再編列檔號。

(4)檔號應自左而右編列，右方裝訂的檔案，應將檔號填寫於案件首頁的左上角；左方裝訂者則填寫於右上角。

第 7 條：檔案管理

(1)歸檔文件，應依目次號順序以活頁方式裝訂於相關類別的檔夾內，並視實際需要使用「見出紙」註明日次號碼，以便翻閱。

(2)檔夾的背脊應標明檔夾內所含案件的分類編號及名稱，以便查檔。

第 8 條：保存期限

文件保存期限除政府有關法令或本企業其他規章特定者外，依下列規定辦理。

(1)永久保存

①公司章程；

②股東名冊；

③組織規程及辦事細則；

④董事會及股東會記錄；

⑤財務報表；

⑥政府機關核准文件；

⑦不動產所有權及其他債權憑證；

⑧工程設計圖；

⑨其他經核定須永久保存的文書。

(2)10 年保存

①預算、決算書類；

②會計憑證；

③事業計劃資料；

④其他經核定須保存 10 年的文書。

(3)5 年保存

①期滿或解除之合約；

②其他經核定保存 5 年的文書。

(4)1 年保存：結案後無長期保存必要者。

(5)各種規章由規章管理部門永久保存，使用部門視其有效期予以保存。

第 9 條：檔卷清理

(1)檔案管理人員應該及時擦拭檔案架，保持檔案清潔，以防蟲蛀腐朽。每年更換時，依規定清理一次，已到保存期限者，給予銷毀。銷毀前應造冊呈總經理核准，並於目錄附注欄內註明銷毀日期。

(2)保管期限屆滿的文件中，部份經核定仍有保存參考價值者，管檔人員應將「收(發)文登記單」第五聯附註在其保留文件上，並在第五聯上註明部份銷毀的日期。

第 10 條：調卷程序

(1)各部門經辦人員因業務需要需調閱檔案時，應填寫「調卷單」，經其部門主管核准後向管檔人員調閱。

(2)借閱檔案包括文件資料必須在檔案借閱登記簿登記後方可借閱，秘密級以上的檔案文件上的檔案文件須經經理級批准方能借閱。

(3)案卷不許借出，只供在檔案室查閱，未歸檔的文件及資料可借出。

(4)檔案管理人員接到「調卷單」，經核查後，取出該項檔案，並於「調卷單」上填注借出日期，然後將檔案交與調卷人員。「調卷單」應按歸還日期先後整理，以備催還。

(5)借閱期限不得超過兩星期，到期必須歸還，如需再借應辦理續借手續。

(6)借閱檔案的人員必須愛護檔案，要保護檔案的安全與保密，不得擅自塗改、勾畫、剪裁、抽取、拆散、摘抄、翻印、複印、攝影、轉借或損壞，否則按違反保密法追究當事人責任。

(7)借閱的檔案交還時，必須當面點交清楚，如發現遺失或損壞應立即報告。

(8)外單位借閱檔案應持有單位介紹信並經總經理批准後方能借閱，但不能將檔案帶離檔案室。

(9)外單位摘抄卷內檔案應經總經理同意，對摘抄的材料要進行審查簽章。

(10)案歸還時，經檔案管理人員核查無誤後，檔案即歸入檔夾。「調卷單」由檔案管理人員留存備查。

第 11 條：調卷管理

(1)「調卷單」以一單一案為原則，借閱時間以一週為限，如有特殊情況需延長調閱期限時，應按調閱程度重新辦理。

(2)調卷人員對於所調檔案，不得抽換增損，如有拆開必要時，亦須報明原因，請管檔人員負責處理。

(3)調卷人員調閱檔案，應於規定期限內歸還，如有其他人貝調閱同一檔案時，請變更調卷登記，不得私自接受。

(4)調閱的檔案應與經辦業務有關，如調閱與經辦業務無夫之檔案，應經文書管理部門主管同意。

三、文書檔案歸檔制度

第 1 章　總則

第 1 條：為加強本公司文書立卷工作，特制定本制度。

第 2 條：歸檔的文件材料必須按年度立卷，本公司內部機構在工作活動中形成的各種有保存價值的文件材料，都要按照本制度的規定，分別立卷歸檔。

第 3 條：公文承辦部門或承辦人員應保證經辦文件的系統完整(公文上的各種附件一律不准抽存)，結案後及時交專(兼)職文書人員歸檔。工作變動或因故離職時應將經辦的文件材料向接辦人員交接清楚，不得擅自帶走或銷毀。

第 2 章　文件材料的收集管理

第 4 條：堅持部門收集、管理文件材料制度。各部門均應指定專(兼)職文書人員，負責管理本部門的文件材料，並保持相對穩定。人員變動應及時通知檔案室。

第 5 條：凡本公司繕印發出的公文(含定稿和兩份列印的正件與附件、批復請示、轉發文件含被轉發的原件)一律由辦公室統一收集管理。

第 6 條：一項工作由幾個部門參與辦理，在工作活動中形成的文件材料，由主辦部門收集歸卷。會議文件由會議主辦部門收集歸卷。

(1)公司工作人員外出學習、考察、調查研究、參加上級機關召開的會議等公務活動的相關人員核報差旅費時，必須將會議的主要文件資料向檔案室辦理歸檔手續、檔案室簽字認可後財務部門才給予核報差旅費。

(2)本公司召開會議，由會議主辦部門指定專人將會議材料、聲像檔案等向檔案室辦理歸檔手續，檔案室簽字認可後財務部門才給予報會議費用。

第 7 條：各部門專(兼)職文書的職責

(1)瞭解本部門的工作業務，掌握本部門文件材料的歸檔範圍，收集管理本部門的文件材料。

(2)認真執行平時歸檔制度，對本部門承辦的文件材料及時收集歸卷，每年的三月份前應將歸檔文件材料歸檔完畢，並向檔案室辦好交接簽收手續。

(3)承辦人員借用文件材料時，應積極地提供利用，做好服務工作，並辦理臨時借用文件材料登記手續。

第3章　歸檔範圍

第 8 條：重要的會議材料，包括會議的通知、報告、決議、總結、講話、典型發言、會議簡報、會議記錄等。

第 9 條：上級機關發來的與本公司有關的決定、決議、指示、命令、條例、規定、計劃等文件材料。

第 10 條：本公司的各種工作計劃、總結、報告、請示、批復、會議記錄、統計報表及簡報。

第 11 條：本公司各種獎懲、活動、任免等資料。

第4章　平時歸卷

第 12 條：各部門都要建立健全平時歸卷制度。對處理完畢或批存的文件材料，由專(兼)職文書集中統一保管。

第 13 條：各部門應根據本部門的業務範圍及當年工作任務，編製平時文件材料歸卷使用的「案卷類目」。「案卷類目」的條款必須簡明確切，並編上條款號。

第 14 條：公文承辦人員應及時將辦理完畢或經批存的文件材料收集齊全，加以整理，送交本部門專(兼)職文書歸卷。

第 15 條：專(兼)職文書人員應及時將已歸卷的文件材料，按照「案卷類目」條款，放入平時保存文件卷夾內對號入座，並在收發文登記簿上註明。

第5章　立卷

第 16 條：立卷工作由相關部室兼職檔案員配合，檔案室文書檔案員負責組卷、編目。

第 17 條：案卷品質總的要求是：遵循文件的形成規律和特點，

保持文件之間的有機聯繫，區別不同的價值，便於保管和利用。

第 18 條：歸檔的文件材料種數、份數以及每份文件的頁數均應齊全完整。

第 19 條：在歸檔的文件材料中，應將每份文件的正件與附件、印件與定稿、請示與批復、轉發文件與原件、多種文字形成的同一文件，分別立在一起，不得分開，文件應合一立卷；絕密文件單獨立卷，少數普通文件如果與絕密文件有密切聯繫，也可隨同絕密文件立卷。

第 20 條：不同年度的文件一般不得放在一起立卷，但跨年度的請示與批復，放在複文年立卷；沒有複文的，放在請示年立卷；跨年度的規劃放在針對的第一年立卷；跨年度的總結放在針對的最後一年立卷；跨年度的會議文件放在會議開幕年，其他文件的立卷按照有關規定執行。

第 21 條：卷內文件材料應區別不同情況進行排列，密不可分的文件材料應依序排列在一起，即批復在前，請示在後；正件在前，附件在後；印件在前，定稿在後；其他文件材料依其形成規律或特點，應保持文件之間的密切聯繫並進行系統的排列。

第 22 條：卷內文件材料應按排列順序，依次編寫頁號。裝訂的案卷應統一在有文字的每頁材料正面的右上角、背面的左上角列印頁號。

第 23 條：永久、長期和短期案卷必須按規定的格式逐件填寫卷內文件目錄。填寫的字跡要工整。卷內目錄放在卷首。

第 24 條：有關卷內文件材料的情況說明，都應逐項填寫在備考表內。若無情況可說明，也應將立卷人、檢查人的姓名和日期填上以示負責。

第 25 條：案卷封面，應逐項按規定用毛筆或鋼筆書寫，字跡要工整、清晰。

四、往來信件管理制度

第 1 章　總則

第 1 條：目的。為規範報刊、信件管理，確保其準確投遞和分發，特制定本制度。

第 2 條：行政部負責公司信件的管理，並落實專人負責。

第 2 章　來信管理

第 3 條：信件分類

(1)依其重要性分別歸類，一般分為電報類，限時信件，或其他附有支票等重要文件的信函，公司、機構的其他部門來函，親啟信函，報刊、雜誌，商品目錄及其他廣告宣傳資料，包裹等。

(2)報刊雜誌、商品目標和郵購廣告，除與主管有直接關係，一般由辦公室人員處理。這類信件數量大，主管無暇一一過目，辦公人員可做重點報告，或者用紅筆將有關事項勾出，以便主管參閱。

(3)對於親啟信函，除主管有指示可以拆所有的信件外，不應拆註明「親啟」的信件。如誤拆，應立即封妥，並簽名註明「誤拆」字樣。

第 4 條：拆信或包裹

(1)拆信。拆信時，剪封口要在信封的固定位置上。拆前先將信在桌子上輕敲，使信內物品落在底部，以免拆時受損。拆信後，必須注意下列事項。

①查看信紙上的位址是否與信封上的相同，如果不同，以信封為準，故信封必須保留。

②查看信上是否有寫信人的簽名，並對照信封，找到寫信人的

姓名。

③查看信是否有耽誤，可從郵戳及信上註明的日期做出判斷。耽誤的原因可能是寫信人在信寫好時未立即寄出，或由於郵局耽誤所致。

④信上所提到的附件是否附上。如果未附上，在信上註明「缺附件」，並保留信封。如果附有支票或匯票時，應核對金額是否相符。如果無誤，在信上註明「核對無誤」；如果有差錯，要註明差異之處。

⑤信封的郵戳有時可作證明用，信封需妥善保存。可在信封上蓋個收信日期章，依收信日期排列，直到確定信件已無用後再一起銷毀。

(2)拆包裹。拆包裹時可用刀子或其他工具。在拆時，需注意包裹裏面是否附有信件或其他文件。如果是訂購的東西，可取出訂單核對，看寄來的物品是否正確無誤，填寫核對單交會計部門，通知物品已收到。

(3)其他。拆刊物時先請示上級刊物如何處理。一般讓辦公人員先看一遍，然後夾上便條指出主管想看的文章，並標明頁數。隨著辦公人員工作經驗的增加，可在閱讀文章時，標出重點，準備綱要，以利查閱。

(4)誤投郵件，必須退回郵局。如果是已遷走的公司的郵件，如知其新地址，可幫忙轉過去。

第 5 條：收發信件登記簿

信件登記設立收發登記簿，每日重要郵件，包括來信及專信，都需登記在收發登記簿中，尤其是掛號信、包裹等。登記簿通常記錄收、發信件的日期，以備日後查詢。

第 6 條：分信

來信如以單位為收件人，拆開後應按信件的類別，由各部門接收。如是個人函件，可直接交由收件人。如是公事，分信時需注意以下原則：

(1)用紅筆勾出信件要點，節省他人閱讀時間；

(2)對於需要回覆或需上級指示的信件，可加註在信紙邊上，供上級裁決。

第 3 章　回信事宜

第 7 條：回信程序

在回信時必須考慮信件的重要性與時效性。有些信件只是簡單的詢問或例行通函，處理比較簡單，可直接由辦公人員回覆。有些信件，需請示主管之後才能回覆。有些甚至必須收集資料，並經主管審核後。才能回覆。要注意的是，不論簡單還是複雜的信件，在回信時，應仔細閱讀來函，清楚該回覆事項，以及需準備的資料，這樣才不會遺漏。回信的程序包括來信，直接回覆或請示上級，回覆(擬稿、打樣、核對、簽名)，寄信(核對、裝封、郵寄)，影本歸檔。

第 8 條：回信注意事項

要寫好一封回信，應把握以下要點。

(1)清楚。寫信時應措辭明白清楚，使閱信人能立即明瞭內容，不致引起誤會。最忌模棱兩可的表達方式。

(2)正確。書信寫作，正確是不可或缺的要素。信件內容不正確，易引起糾紛。要避免誇張或過分含蓄。

(3)具體。所謂「具體」就是要言之有物，措辭、文意切中要領，據實直陳，切忌空泛、抽象。

(4)完備。所有的信件都是為某種目的而寫，信中該寫的內容不可遺漏。如果一封信寫得不完備，不但不能達到目的，甚至還會引起相反的效果。

(5)簡潔。書信應力求簡潔，切忌冗長。須知商場中人，業務繁忙，沒時間閱讀連篇累牘的信件。因此，在詞能達意的原則下，語言力求簡單明瞭。

(6)謙恭。謙恭有禮是商場上的重要法則。接待顧客固然要有禮貌，寫信時也不能缺少。有禮貌的信會博得收信人的好感。但亂用恭敬的詞句，也是不對的。

(7)體諒。寫信人在寫信時，不能只顧從自己的立場出發，而應設身處地為對方著想。具體地說，提起任何事物，應少用第一人稱，要把對方的利益放在最重要的位置。

第 4 章　外發信件

第 9 條：各部門若有信件外發，經辦人員須在當天下午四點前將外發信函、包裹送至行政部，並填寫快遞、掛號、包裹外發登記表，行政部四點半前將當日外發信件清點，交郵局工作人員寄發。

五、電子資料管理制度

第 1 章　總則

第 1 條：為了使公司員工能夠適應現代科學技術日新月異的發展，能夠更加規範化處理電子資料，特制定本制度。

第 2 條：本制度適用於公司全體員工。

第 3 條：本制度中電子資料包括電子文字、數據資訊、圖片、圖像及聲音等。

第 2 章　電子資料的來源

第 4 條：外來資料

(1)外來電子資料，主要指通過互聯網或外部存儲設備(如 U 盤、硬碟等)獲得的電子版資料。

(2)外部資料電子化，主要指公司各部門從外部獲得的非電子版資料，為了修改、保存等目的，通過一定的手段(如掃描、輸入等)將其電子化，生成電子版資料。

第 5 條：內部資料

(1)內部電子資料，包括公司內部各種文件、合約等的電子版本以及因某種需要而編製的各種電子資料(如 PPT、數碼照相攝像等)。

(2)內部資料電子化，指公司為了保存、修改等需要把非電子資料轉化為電子資料。

第 3 章　電子資料的類別

第 6 條：共用資料，指公司內部員工可以共同分享的電子資訊，一般為供企業內部員工學習成長及一般性工作指導類電子文件。

第 7 條：核心資料，指對公司經營發展有一定影響的，流傳範圍限制在一定範圍內的資料，一般包括企業核心流程、企業發展計劃等。

第 8 條：絕密資料，指對公司發展有重大影響的，流傳範圍限定在為數不多的幾個人的範圍內的資料，一般包括新的創意、核心技術資料等。

第 4 章　電子資料的控制管理

第 9 條：共用資料的控制管理。共用資料由各部門指定專人負責統一管理，本公司員工可以共用，如果有需要拷貝、複製需經部門主管同意。

第 10 條：核心資料的控制管理。本公司所有核心資料由行政部指定專人統一管理，部門主管級以上人員登記後可以使用，其他人員確因工作需要使用核心資料需經行政部經理同意。核心資料除行政部做必要備份外任何人不得拷貝、複製，其他人員確因工作需要拷貝、複製需經總經理同意並登記記錄版本編號。

第 11 條：絕密資料的控制管理。絕密資料由總經理指定專人管理，任何人需要使用絕密電子資料必須經過總經理審批。其他人員確因工作需要拷貝、複製需經總經理同意並登記記錄版本編號。

第 5 章　電子資料的安全管理

第 12 條：本公司所有電子資料都必須備有必要的備份，以免發生意外事故。

第 13 條：核心電子資料與絕密電子資料要嚴格控制版本數量，並指定責任人跟蹤記錄，以免洩密。

第 14 條：文件加密。本公司所有核心電子資料與絕密資料必須進行加密。目前的加密方法包括硬加密和軟加密兩種。前者指用物理的方法進行加密，如在存有數據和文件的光碟上用鐳射打孔加密等；後者指對數據或文件進行加密，如採用「密鑰」的處理方法等。

第 15 條：定期檢查。電子資料的負責人應該根據數據和文件的保存、使用價值及存儲介質的壽命長短，明確規定對備份文件進行檢查的間隔時間，以有效地保證各種存儲介質上的數據和文件的完整性和準確性。

第 16 條：防病毒管理。電子資料的負責人要經常對電子資料的存儲介質進行病毒檢查，防病毒軟體一定要確保最新版本。

六、圖書報刊管理規定

為規範公司圖書、報刊的統一管理，避免浪費資源，以及方便資源的交流，特制定此規定。

1. 總則

⑴公司圖書、報刊的管理，除另有規定外，應按本規定辦理。

⑵圖書購買數量、報刊訂閱份數一律一式一份，如需增加購買

或者增訂，需要部門副總經理審核，經總經理審批同意，方可採購或者增訂。

⑶本公司圖書、報刊由資料室統一負責管理，並於每月月末清點一次。

⑷所有新購圖書、報刊除按特定順序編號外，應將書名、出版社名稱、著作者、冊數、出版日期、購買日期、金額及其他有關資料詳細登記。

⑸訂閱的報紙，按類別及日期順序，統一放在公司的報架上；新近購買的圖書以及期刊領取後，由管理員統一蓋章，按照類別、時間順序整理，統一存放在公司的資料櫃中。

⑹圖書、報刊借閱人以本公司員工為限。

⑺圖書借閱時間：每天下午 2：00～4：00，報刊借閱時間：中午 12：30～下午 1：00，其他時間概不受理。如遇到緊急項目或者計劃書提交等情況，請相關項目組長通知圖書管理員確認批示，項目經理方可借閱資料。

⑻圖書、報刊僅限於在公司內借閱，不得帶出公司。如果因項目等特殊事由，需要將資料外帶至其他單位，閱覽者必須 3 天內歸還，其借還手續比照本規定「借閱規定」辦理。

⑼報紙在閱覽後，請務必歸回原位，報刊不得擅自撕剪，如果因項目等特殊事由，需要報刊特定內容，請借閱人自行複印解決。

⑽員工所借圖書、報刊，如遇清點或公務上參考時需要隨時通知收回，借閱人不得拒絕。

⑾報紙以季為期，雜誌以半年為期，資料室統一清理庫存，清理時會提前郵件通知各部門主管，如果有需要保存的資料，務必郵件通知管理員，確認後方可保留。否則統一處理，不留庫存。

⑿部門各項目組自行購買並作為部門藏書的工具書，請在公司

資料室登記備案，便於公司資料購買、部門之間借閱時統一協調。

2.借閱規定

⑴圖書管理員做好系統借閱登記工作，借閱人姓名、部門、書名、資料年份、借閱時間、冊數等相關信息必須填寫完整。

⑵資料借閱期限最長為 1 個月，最短 3 天，到期應歸還。如果有特殊事由需續借者，務必辦理續借手續，但以續借一次為限。

⑶借閱冊數最多 5 本。

⑷如果遇到項目等特殊情況，需要長期借閱或者拆分圖書，必須有部門主管簽字批示，管理員確認後執行。

七、圖書資料管理制度

第 1 章　總則

第 1 條：本公司圖書的購進、保管、整理、外借與歸還等管理業務均按本規定辦理。

第 2 條：圖書資料是指由公司行政部統一購進、管理的圖書、刊物和報紙。圖書資料主要用於促進公司經營業務合理運作，提高本公司所有職員專業水準，使公司在經營道路上創造出自己的經營風格。

第 3 條：本規定的制定、修改與廢除，由行政部提議、常務董事會決定。

第 2 章　圖書的選購

第 4 條：行政部負責對圖書市場的調查研究，尋找合適的圖書。

第 5 條：購買圖書由行政部根據「公司學習計劃」以及各部門的申請要求進行，並由行政部經理對購買圖書的各個環節進行控制與檢查。

第 6 條：行政部必須逐月、逐年制定圖書購買計劃。圖書採購人員按計劃實施採購。

第 7 條：如果屬購進圖書，則在接收圖書時支付現金，結清圖書書款，並注意控制預算，不得超支。如果屬捐贈圖書，則應在接收圖書時開具收納憑證。

第 3 章　圖書的整理與借閱

第 8 條：圖書資料的目錄及借閱情況由行政部的具體管理人員按日更新後在內部網上公佈，公司職員可通過內部網查詢圖書使用情況。

第 9 條：所有圖書都必須按圖書管理卡(見下表)要求進行登記，註明購入時間、著作名稱、作者姓名、出版社名稱、出版年月以及必要的項目，並且把卡片分類放入各索引櫃內，以便於檢索。

表 6-4-2　公司圖書管理卡

圖書類別				分類號		
圖書名稱	圖書編號	作者	購入時間	出版社名稱	出版年月	備註

編製：　　　　　　　　　　　　　　填寫人(簽字)：

第 10 條：公司職員借閱使用圖書期間要愛惜，不得汙損圖書資料。行政部的圖書管理人員在收回圖書資料時要認真檢查，發現汙損要追究當事人責任。

第 11 條：圖書資料一般借閱期限為一個月，對於不按時歸還的，行政部圖書管理人員要及時催還。每次每人限借雜誌一本、書籍兩本，期限已至而未歸還者，應承擔一定責任。

第 12 條：公司職員不得將圖書資料轉借他人，職員如丟失圖書資料，需照價賠償。

第五節　公司印章執照管理

一、公司印章管理制度

第 1 章　總則

第 1 條：為規範公司印章的管理，特制定本辦法。

第 2 條：本規定中所指印章是在公司發行或管理的文件、憑證文書等與公司權利義務有關的文件上，因需以公司名稱或有關部門名義證明其權威作用而使用的印章。

第 3 條：公司印章的制定、改刻與廢止的方案由行政部經理提出。

第 2 章　印章的種類

第 4 條：正式印章，指公司章、董事會章、監事會章以及公司所屬分支機構印章。

第 5 條：專用印章，指公司財務專用章、人事專用章、各職能部門章、董事會辦公室章、總裁辦公室章、監事會辦公室章、保衛工作專用章以及分支機構財務專用章、分公司人事專用章等用於指定用途的印章。

第 6 條：人名用章，指以公司法定代表人、分支機構負責人以個人名義刻製的用於公務的簽名章或印鑑章。

第 3 章　印章的使用範圍

第 7 條：公司公章的使用範圍

(1)發送正式公文、電函、傳真件等；

(2)報送或下達各類業務計劃、業務報表、財務報表等；

(3)授權委託書、人事任免、合約、對外介紹等；

(4)簽訂重要業務合約、協議等；

(5)上崗證、先進集體和個人榮譽證書等；

(6)需要代表本單位加蓋行政公章的其他批件、文本、憑證、材料等。

第 8 條：董事會、監事會印章使用根據公司章程規定的範圍及職權行使。

第 9 條：分公司和職能部門印章使用範圍，根據公司、分公司的授權用於第 7 條的全部或部份項目。

第 10 條：各職能部門印章使用範圍

(1)在其職權範圍內，與公司內部對口業務部門的電文、通知、函件等工作聯繫；

(2)用於對外工作介紹信和授權範圍內的工作函件等。

第 4 章　印章的刻製

第 11 條：印章刻製和更換的申請和審批

(1)公司印章、董事會和監事會印章，由公司行政部根據有關單位核發的證、照及有關批准文件製發。

(2)分公司印章，由分公司根據有關批准單位核發的證、照及有關批准文件製發。

(3)公司內部各部門之間信函往來，以部門負責人簽字或內部網上部門信箱為準。若部門因工作需要而要求刻製印章，應另行申請，限定使用範圍，經公司批准後方可刻製。

(4)印章不能繼續使用的，使用單位應向上級單位提出書面製發申報。

第 12 條：印章的刻製

公司各類印章由行政部到公安機關辦理有關手續後在公安機關指定的專營單位刻製。

第 13 條：各類印章的規格、材質

(1)公司印章、董事會印章、監事會印章，外直徑為 X 毫米，圓形，帶五角星，塑質；

(2)公司專用章(除財務專用章外)和分公司印章，外直徑為 X 毫米，圓形，帶五角星，塑質；

(3)分公司人事專用章，外直徑 X 毫米，圓形，帶五角星，塑質；

(4)財務專用章、人名章的規格、材質根據有關主管機關的規定執行。

第 5 章　印章的使用管理

第 14 條：使用公司印章或高級職員名章時應當填寫「公司印章使用申請單」(見下表)，寫明申請事項，徵得部門領導簽字同意後，連同需蓋章文件一併交印章管理人。

表 6-5-1　公司印章使用申請單

用章人姓名		用章部門		蓋章時間	
用章類別		印章名稱			
蓋章文件					
主要內容					
申請人			部門主管意見		
行政部意見			批准人意見		

第 15 條：使用部門印章和分公司印章，需在申請單上填寫用印理由，然後送交所屬部門經理，獲得認可後，連同需要用印文件一併交印章管理人。

第 16 條：公司印章的使用原則上由印章管理人掌握。印章管理人必須嚴格控制用印範圍和仔細檢查用印申請單上是否有批准人的印章。

第 17 條：代理實施用印的人要在事後將用印依據和用印申請單交印章管理人審查。同時用印依據及用印申請單上應用代理人印章。

第 18 條：公司印章原則上不准帶出公司，如確因工作需要，需經總經理批准，並由申請用印人寫出借據並標明借用時間。

第 19 條：常規用印或需要再次用印的文件，如果事先與印章主管人取得聯繫或有文字證明者，可省去填寫申請單的手續。印章主管人應將文件名稱及制發文件人姓名記入一覽表以備查考。

第 20 條：公司印章的用印，依照以下原則進行：公司、部門名章及分公司名章，分別用於以各自名義行文時；職務名稱印章在分別以職務名義行文時使用。

第 6 章　印章的保管

第 21 條：公司印章的保管，應實行印章專人保管、負責人印章與財務專用章分管制度，並嚴格執行保管人交接制度。

第 22 條：正式印章、人事專用章啟用前，有關部門應將印章保管人員名單報公司主管部門備案。印章使用過程中，保管人員如有變動，應在變動當日內通知公司主管部門。

第 23 條：印章保管人因故臨時請假，須更換印章保管人。單位應指定臨時保管人，並做好交接記錄。

第 24 條：印章頒發單位和使用單位均須把已啟用的各類印章印模，批准啟用的有關文件立卷歸檔，永久保存。

第 25 條：印章應存放在安全、保密處。

第 7 章　印章的停用

第 26 條：印章內容需要變更或機構終止時，應停止使用有關印章並交由行政部予以封存或銷毀。

第 27 條：因印章內容變更或機構終止而停止使用印章時，印章管理部門在印章停用五日內，由保管人寫出印章停用說明，經部門領導簽字後上報行政部。

第 28 條：印章散失、損毀、被盜時，各管理者應迅速向公司遞交說明原因的報告書，行政部經理則應根據情況依相關規定的手續處理。

第 29 條：除特別需要，由行政部經理將廢止印章保存 3 年。

二、公司執照管理規定

第一章　總則

第一條　為加強對公司經營執照的管理，特制定本規定。

第二條　本規定中的經營執照包括「企業法人營業執照」及副本、「企業法人代碼證書」、「稅務登記證」及副本、特許經營許可證等。

第二章　經營執照的保管

第三條　除「稅務登記證」及副本由財務部進行保管外，其他一律由行政部負責保管。

第四條　公司經營執照的存放應確保安全可靠，除按照規定必須懸掛的以外，其他經營執照應當在公司辦公區域內加鎖保存。

第五條　公司經營執照原則上都應該在辦公區域內保存，如有特殊情況需要使用，應得到行政部經理和總經理的審批，隨後方可外攜。

第三章　經營執照的申請和使用

第六條　公司各類經營執照須按照法規的規範使用。

第七條　「經營執照使用及處理申請表」原件由行政部存檔，承辦人可以保存申請表影本。

第八條　公司各業務部門需要使用和複印經營執照時，應填寫「經營執照使用或複印申請單」，向行政部提出申請。

第九條　經行政部經理和總經理的審批同意後，行政人員方可辦理相關手續。

第十條　公司新辦理的經營執照與年審後的經營執照必須在當日下午交回行政部。

第十一條　如有特許情況需要使用經營執照時，需要經行政部經理批准，並應於第二日交到行政部。

第十二條　未經授權，任何人不得私自使用或複印公司的經營執照，否則造成的後果由當事人承擔，行政部負連帶責任。

第四章　經營執照的年檢和續辦

第十三條　公司經營執照須按照法規的規定，在法定期限內履行年檢和續辦手續。

第十四條　公司經營執照的年檢和續辦手續，一般由行政部負責辦理，但財務類經營執照，包括「稅務登記證」、「財政登記證」、「統計登記證」等的年檢和續辦手續由財務部負責辦理。

第十五條　經營執照的相關管理人員在離職時要辦理好經營執照的相關交接手續，否則不予辦理離職。

三、公司印章的管理流程

印章使用申請流程說明：

①部門主管對本部門用章進行審核，不符合規定退回給用章申請人

②部門主管審核後需要加蓋公司章送交行政部審核，不需要則在本部門直接用章

③行政部主管對其進行審核，不符合規定退回給用章申請人

④行政部審核後需要請示，送行政總監處審核，不需要則直接用章

⑤行政總監對其進行審核通過加蓋印章，不符合規定退回給用章申請人

心得欄 ------------------------------------

圖 6-5-1　公司印章使用申請流程

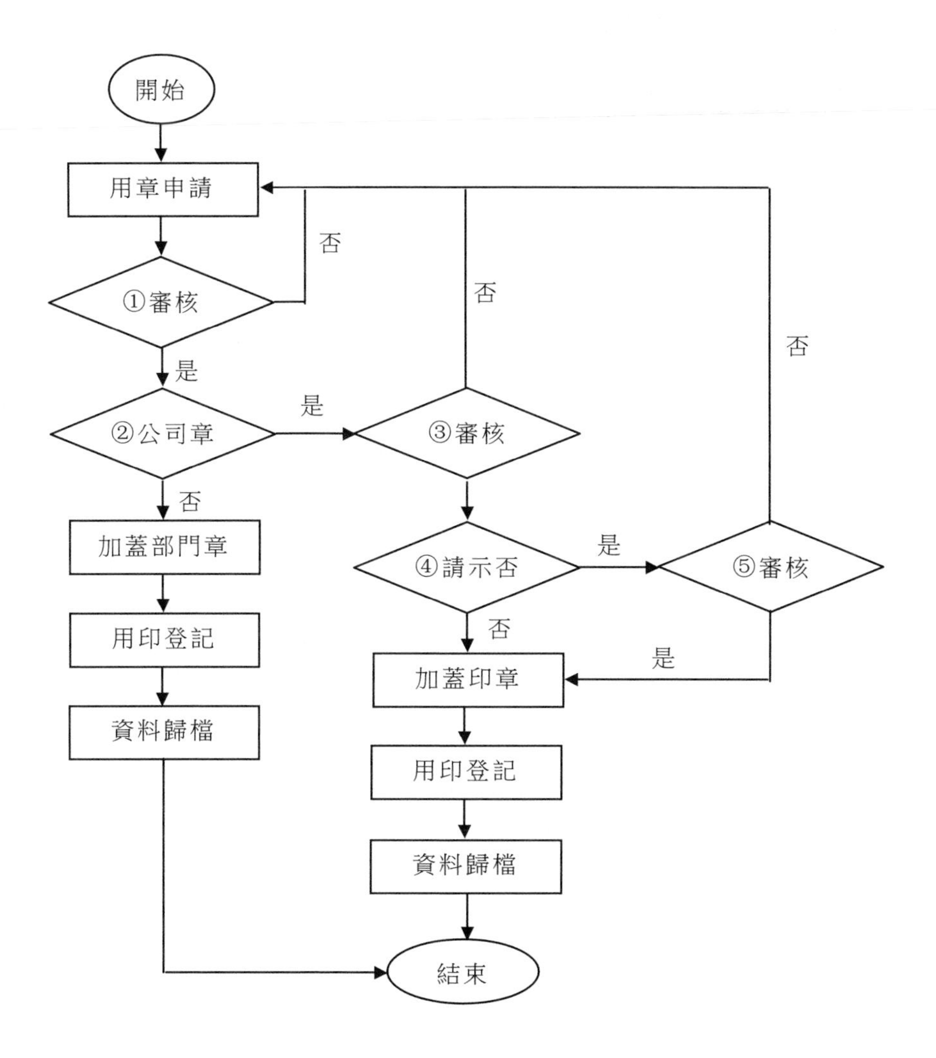

四、公司證照的管理流程

公司證照管理流程說明：

①外部移交人可以為證照發放機關、檢驗機關等

②企業內各部門需要使用證照辦理事務時，要提交相關申請

③有些證照需要年檢如營業執照、稅務登記證等，由行政部統一負責

④其他部門在使用證照時，必須按照公司的有關規定使用，不得私自移作他用

圖 6-5-2　公司證照管理流程

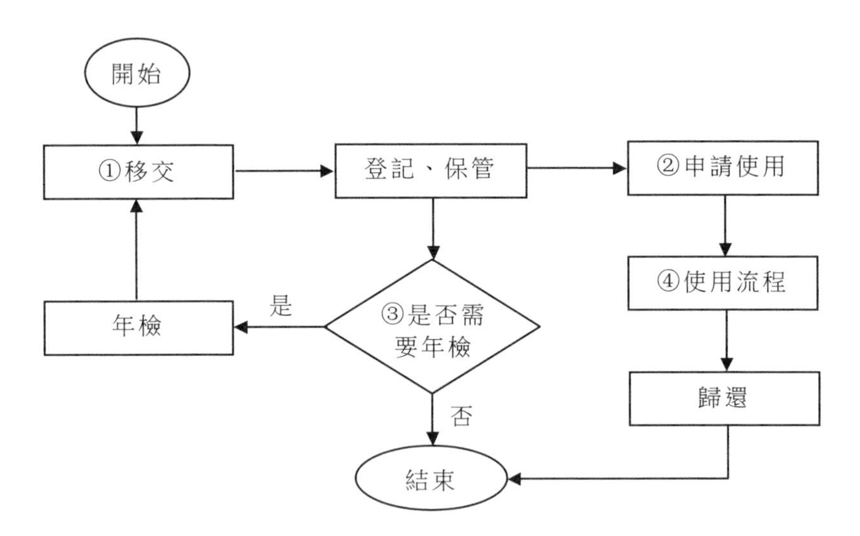

第六節　辦公事務的各項管理流程

一、辦公用品管理流程

1.辦公用品購買流程

圖 6-6-1　辦公用品購買流程

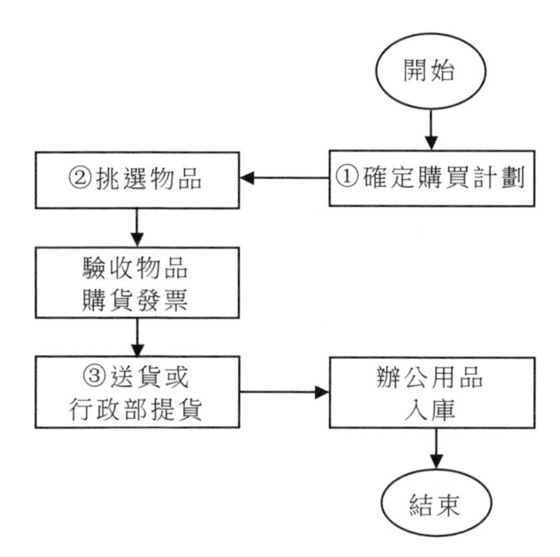

辦公用品購買流程說明：

①行政部根據各部門申請單，確定購買計劃

②行政部選擇供應商，確定購買物品

③由行政部派專人負責提貨或者指定供應商送貨

2.辦公用品領用流程

圖 6-6-2　辦公用品領用流程

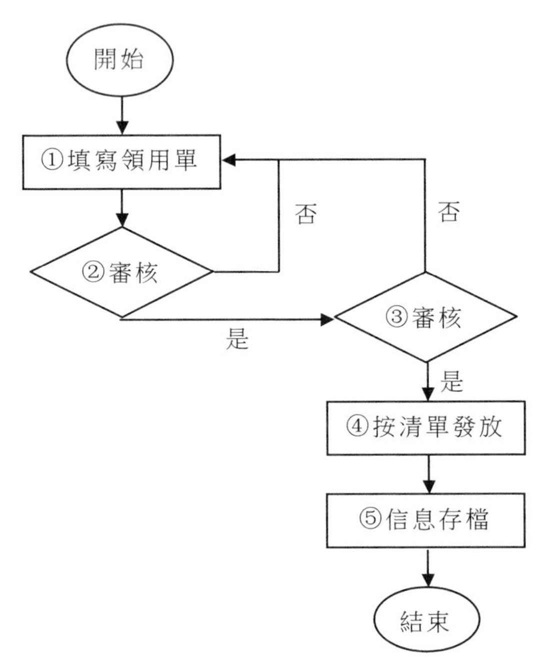

辦公用品領用流程說明：

①各相關部門需要領用辦公用品的人員填寫領用單，交部門主管

②部門主管對領用單進行審核，通過審核，領用單交行政部主管，不通過則退回重寫

③行政部主管對領用單進行審核，通過則由管理人員發放辦公用品，不通過則退回重寫

④辦公用品管理人員按清單發放辦公用品

⑤辦公用品管理人員將清單等資料存檔

二、文書檔案的管理流程

1.發文管理流程

圖 6-6-3　發文管理流程

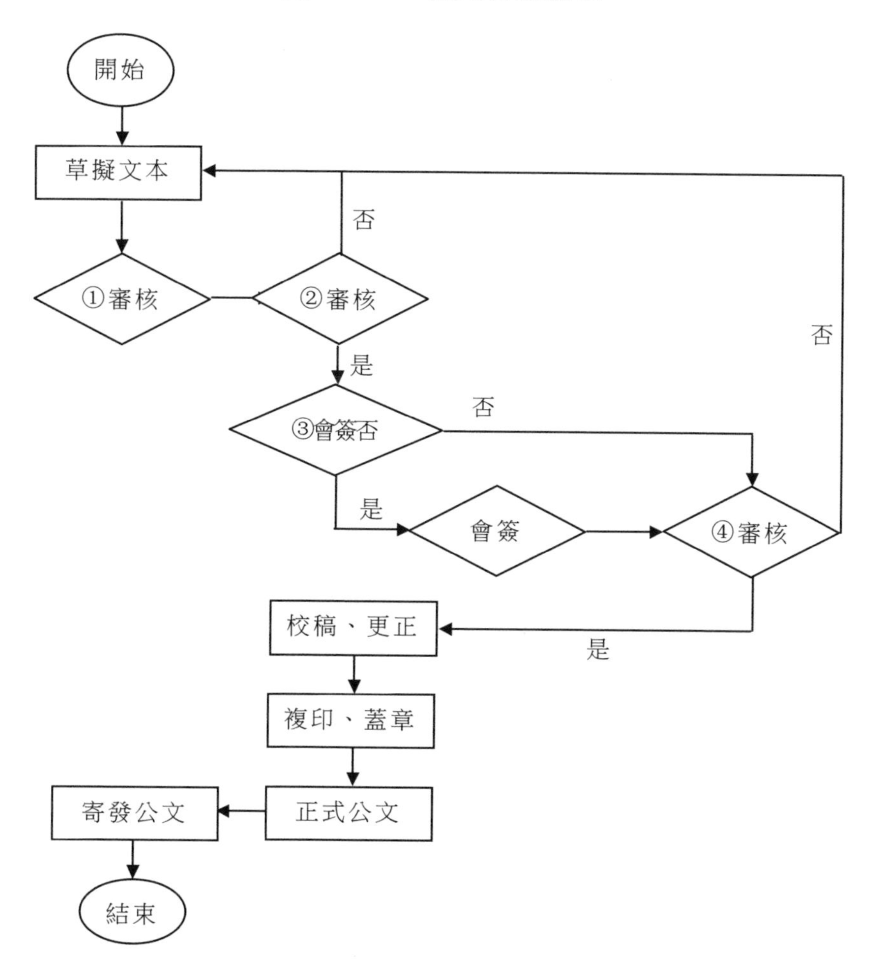

發文管理流程說明：

①由相關部門主管負責對本部門所擬公文進行審核，通過則交行政部

②行政部對其審核並決定是否需要會簽，不通過則退回原起草人

③對於需要會簽的送有關部門會簽，不需要會簽的則直接送行政總監審核

④行政總監審核通過則開始校稿，否則退回原起草人

2.收文管理流程

圖 6-6-4　收文管理流程

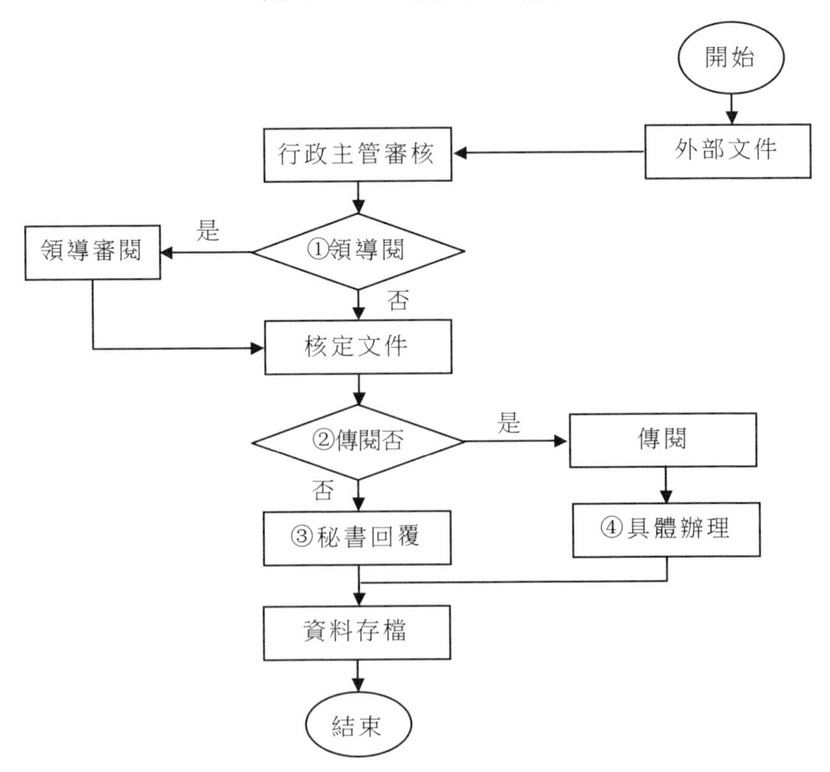

收文管理流程說明：

①行政主管審核來文後，根據職職權限判定某些文件是否需要審批

②行政部及相關領導閱後，決定是否有必要將文件進行傳閱

③對於不需要傳閱的文件由行政部秘書直接辦理或回覆，然後存檔

④外來文件相關部門傳閱後，由具體執行部門最後存檔

3.檔案歸檔流程

圖 6-6-5　檔案歸檔流程

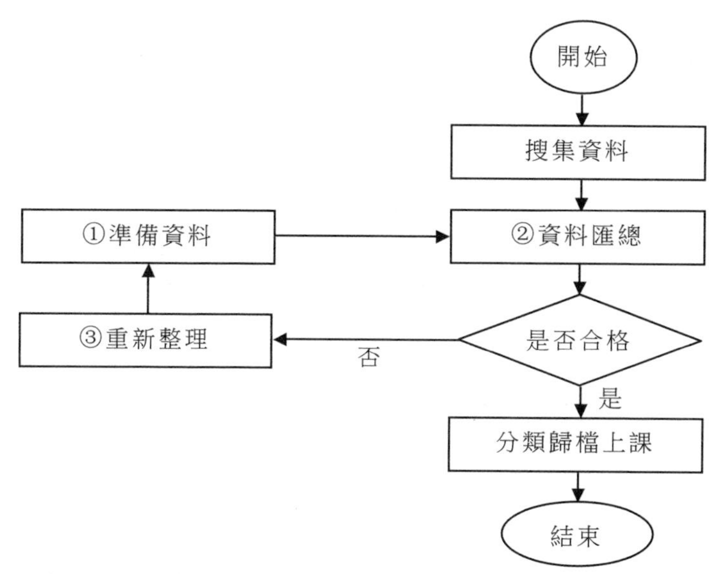

檔案歸檔流程說明：

①各相關部門指定專人負責向行政部提供檔案資料

②行政部指定專人對檔案資料進行匯總，檢查其是否合格

③相關部門提供的不合格資料被退回來後，要重新整理再提供給行政部

4.檔案借閱歸還流程

圖 6-6-6　檔案借閱歸還流程

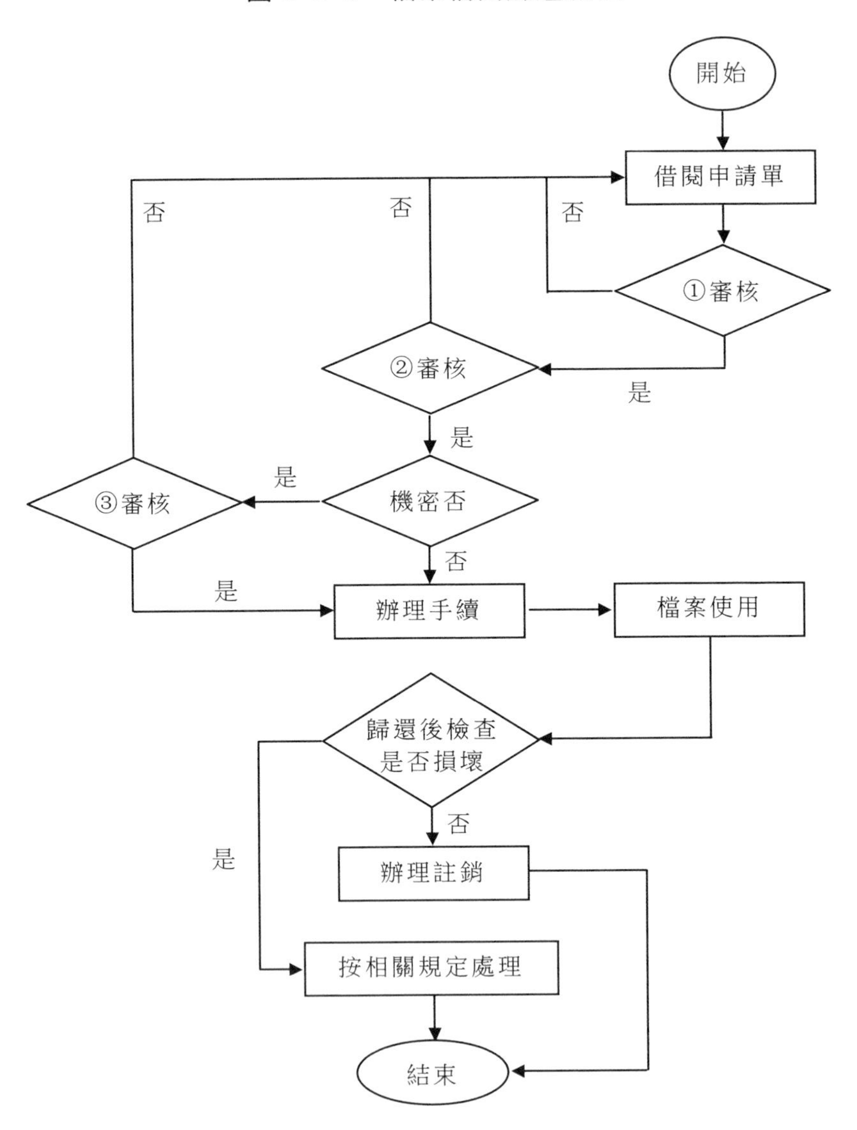

檔案借閱歸還流程說明：

①相關部門負責人審核本部門的借閱申請，同意則交由行政部審核，否則退回申請人

②行政部對其申請進行審核，通過則進行機密與否審核，否則退回申請人

③對於機密檔案由行政總監進行審核，不通過申請退回本人

5.檔案銷毀流程

圖 6-6-7　檔案銷毀流程

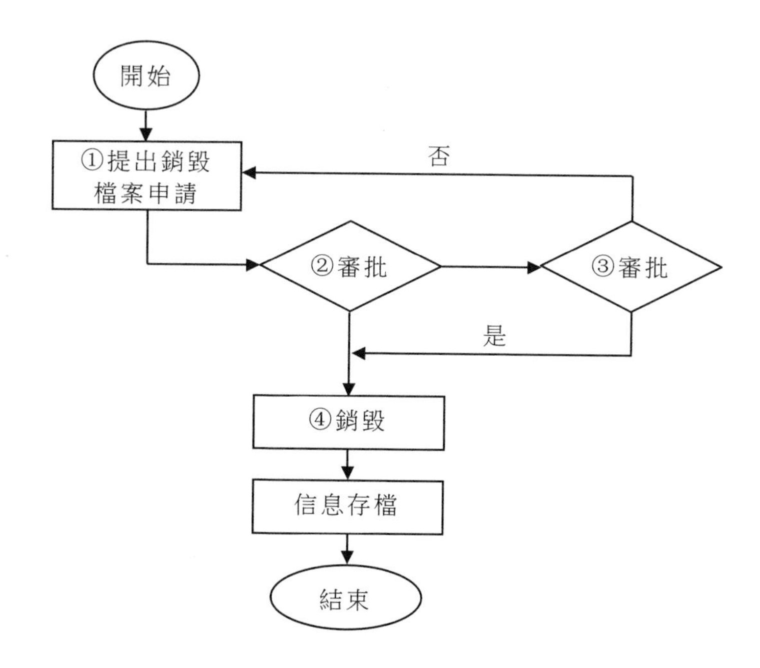

檔案銷毀流程說明：

①相關部門對擬銷毀物品列出清單，向行政部提出銷毀申請

②行政部對其申請進行審核並考慮是否需要經過行政總監審批

③行政總監審批通過可以由行政部負責銷毀，不通過則由原部

門繼續保管

④整個檔案銷毀過程必須嚴格保密，防止資料資訊洩露，一般由行政部專人負責

三、往來信件的管理流程

圖 6-6-8　往來信件的管理流程

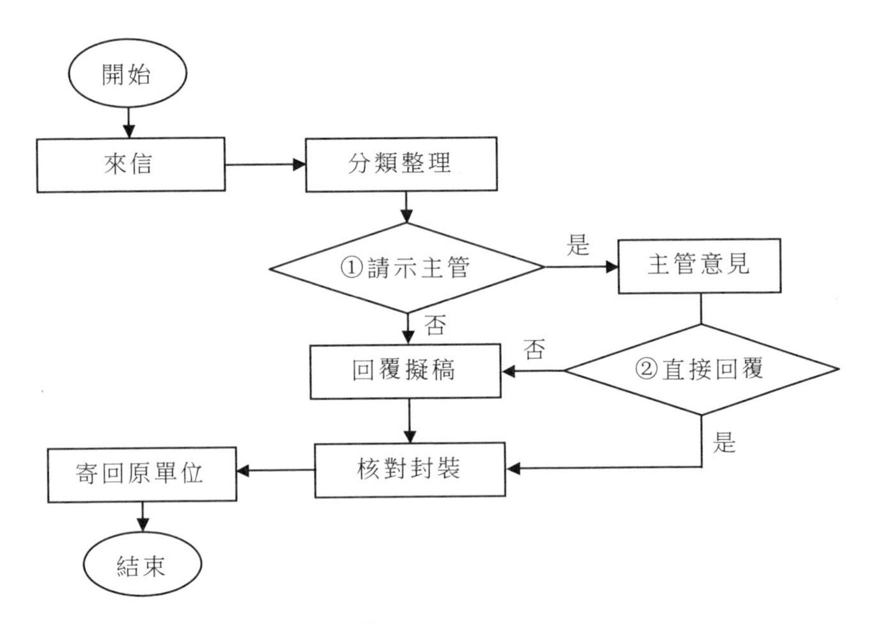

往來信件管理流程說明：

①秘書對來信進行分類整理，對需要請示主管的交給主管閱覽，否則直接回覆

②主管選擇其中一部份信件進行回覆，其他的交給秘書回覆

第七節　辦公事務的各項管理方案

一、辦公用品採購方案

1.總體規劃

⑴目的

為加強制度建設，規範採購行為，控制成本，加強支出的準確性和可控性，制定本方案。

⑵辦公用品範圍

本方案所指辦公用品是用於日常辦公使用，購買價值達不到固定資產標準的文具、工具及各種耗材。

⑶採購實施

辦公用品由行政部統一進行採購。

2.採購審核

⑴公司內部各部門以季為單位向行政部提交本部門的辦公用品需求計劃表，由行政部對其進行審核匯總。

⑵行政部根據各部門的辦公用品匯總及庫存辦公用品的實際存量，制定公司季辦公用品採購計劃。

⑶按照辦公用品採購制度的要求進行審批，通過後開始採購。

3.採購調查

⑴行政部採購人員根據確定的採購計劃搜集辦公用品的品質、價格資訊，並對其進行比較。

⑵行政部採購人員根據對市場訊息的分析，編製辦公用品詢價報告。

⑶行政部採購人員按照辦公用品採購制度的要求進行詢價報告的審批。

4.採購實施

⑴行政部採購人員按照審批後的詢價報告對供應商進行篩選，確定候選供應商。

⑵行政部採購人員分別與候選供應商進行洽談，比較其辦公用品的價格、品質。

⑶行政部採購人員確定最終供應商，請行政部主管審核。

⑷行政部採購人員通知財務部劃款購買辦公用品。

5.採購終結

⑴行政部採購人員向供應商索要發票、保修卡等資料。

⑵採購回來的辦公用品經檢驗合格可以辦理入庫手續，行政部採購人員持發票辦理報銷手續，採購結束。

6.注意事項

⑴行政部採購人員如在自己親友處購買辦公用品必須向主管申明。

⑵公司各部門因臨時工作需要購買辦公用品的，需經行政部主管許可，事後補辦入庫手續。

二、辦公設備採購方案

1.總則

⑴目的

為加強本公司辦公設備採購管理工作，提高設備採購管理的計劃性和透明度，特制定本方案。

⑵適用範圍

本方案所指辦公設備包括電腦、投影儀、影印機等。

⑶採購實施

辦公設備由行政部統一進行採購。

2.申購程序

⑴制定計劃

設備器材採購應有計劃，避免盲目性和零敲碎打。每年年底，各有關部門應將第二年擬採購的設備器材的計劃報行政部；年中需添置的設備器材，有關部門也應預先擬定計劃報行政部。

⑵申購計劃單包括的主要內容

①儀器名稱(包括附件、備件)；

②型號、規格、數量、預計單價；

③生產廠商及其位址、郵遞區號、傳真電話；

④申請購置理由；

⑤技術品質標準程度；

⑥本公司有否此儀器設備。

⑶設備費用預算

測算行政部對各部門報上來的辦公設備計劃進行預算測算，看是否超出部門預算。

⑷審批

行政部門對各部門的計劃表進行綜合，按照辦公設備購買審批流程進行審批。

3.市場調查

⑴行政部指定專人收集辦公設備供應商資料，具體方式包括：

①電話諮詢；

②電子郵件索要設備技術參數資料與宣傳資料；

③通過到專賣店調查樣品；

④要求供應商提供成功案例。

⑵通過瞭解各個供應商客戶來瞭解辦公設備運行情況。

⑶通過瞭解供應商原材料提供商的資料來獲得供應商的資料。

⑷通過供應商競爭對手瞭解辦公設備情況。

4.採購審批

⑴行政部採購人員通過技術品質、價格、售後服務、付款方式、送貨方式等方面進行綜合比較，編寫辦公設備詢價方案。

⑵按照辦公設備審批流程對詢價方案進行審批。

5.採購實施

⑴行政部採購人員按照審批後的詢價報告對供應商進行篩選，確定候選供應商。

⑵行政部採購人員與供應商進行關於價格、售後服務的協商，擬訂辦公設備購買合約文本。

⑶行政部組織相關部門對合約文本進行評審，評審通過後通知財務部做好付款手續。

6.完成採購

⑴設備到達後，由行政部組織相關部門進行驗貨，驗收內容包括：

①包裝有效性；

②整機完整性；

③配套材料；

④零配件數量；

⑤使用說明書、圖紙、有關資料及產品合格證書，並詳細填寫驗收單，根據發票辦理財務報銷、入庫手續和財產登記入冊。

⑵行政部採購人員持發票辦理報銷手續，採購結束。

⑶退貨。設備器材在驗收和安裝調試中發現品質問題、殘缺零件及資料不全等，由行政部負責與生產廠家、外商、商檢等有關部門辦理退貨、索賠或追補等事宜。

三、行政公文處理方案

1. 總則

⑴目的

為使公司的公文處理工作規範化、制度化、科學化，特制定本方案。

⑵文書管理原則

①準確無誤原則

文書運轉的每個環節和階段，包括起草、審核、簽發、印製、蓋章、傳閱等，不能出現任何錯漏。

撰寫文書必須符合現行法律法規，不能產生與法律法規相衝突的意思表達。

行文準確，不能出現弄虛作假的行為。

②迅速及時原則

在文書的運轉過程中，必須根據公文內容的輕重緩急，及時做出處理，做到不積壓、不拖拉。

③安全保密原則

文書從形成到終止，必須嚴守保密紀律和保密制度，做到不失密、不洩密。

④集中統一原則

文書工作，必須規範化、標準化，要求管理權責統一、制度統一、標準統一。

2.收文處理

⑴普通文書的處理程序

①由部門經理以上級別的主管人員，負責對文書進行審閱、回答、批復以及其他必要的處理，或者由其指定的下屬對文書進行具體處理。

②處理過程中如果遇到重要或異常事項，必須及時與上級主管取得聯繫，按上級指示辦理。

③各種有關聯的事項，必須與相關部門商議後方能給予解決。

⑵機密文書的處理程序

①機密文書原則上由責任人或當事人自行處理。

②指名或親啟文書，原則上應在封面上註明所涉及的事項及事項的要點和發文者姓名。

③到達的指名或親啟文書，原則上由信封上所指名的人開啟，其他人不得擅自開啟。如果某主管在職務上有權替代來件所指名者，不受本條約束。

⑶文書的閱覽程序

①某文書被閱覽後，閱覽者必須簽字，表示已經閱覽完畢。如果有必要，可在文書的空白處填寫閱覽後的意見，並轉交給文書的主管。

②有必要在各部門傳閱的文書，必須附上「傳閱登記本」，閱覽者按照「傳閱登記本」欄目進行填寫，並最終交還文書的主管。

3.發文處理

⑴對外行文操作流程

①擬稿

由具體承辦人員起草，並由部門負責人審核。

對外發文一般以公司名義發文。在各分、子公司有必要發文時，在公司後加下屬企業全稱。

發文稿必須符合公文種類、格式使用規範。

②核稿

擬稿完畢後填寫發文擬稿單，一併送各級審核。

審核有問題時與有關當事人溝通，統一意見後進行修改。

③簽發

有關領導審核簽發，明確簽署意見、姓名、日期。

④編號

由行政部統一編排發文文號。

⑤繕印、校對

· 急件應先行處理。

· 保密件應由專人列印。

· 列印後校樣、廢紙、蠟紙等應妥善處理。

· 校對專人處理，以原稿為準，重要文件多人校對。

· 列印、校對責任人簽名。

⑥蓋章、發文登記在校對完畢無誤、規範的文件上統一蓋印。

⑦填寫登記簿

⑧封發

· 發文工作由行政部門負責。

· 查驗無誤後信件封口，填寫準確，註明急件、密級。

⑵對內行文處理程序

①對內行文一般按對外行文處理程序參照執行。

②特殊情況下各級部門、下屬企業對公司行文可不必經繕印程序。

③對內行文由各部門、下屬企業負責人、公司領導簽發。

4. 分歧意見的處理

在文書處理過程中，各部門存在意見分歧，則由行政部出面進行協商，如果協商不一致，上報或請示上級。由上級裁決。

第八節　行政部的財產管理

一、公司財產管理辦法

第一條　本公司的財產管理依照此辦法執行。

第二條　本公司財產主要為：

1. 辦公事務用品：桌椅、公文箱、電話機、打字機、影印機、電腦、交通車等。

2. 辦公樓、廠房宿舍等建築物。

3. 機器設備：檢驗儀器、焊接設備、維修設備、輸送設備等(另案討論)。

4. 原料及成品(另案討論)。

第三條　各部門根據需要提出請購單或請購計劃，報上級核准後，交由總務部辦理採購。

第四條　採購品經驗收合格後，即由採購部門填寫財產卡交由總務處建檔管理，財產實物由使用部門領回使用並負責保管。

第五條　總務處每年須依折舊年限規定，攤提折舊額送會計部門列賬。

第六條　總務處每年 12 月底前須對公司財產盤點一次，核對財產數量，並由會計部門依盤虧、盤盈狀況調整財產金額。

第七條　對無法繼續使用的財產按規定辦理報廢或以登報公開招標方式出售，並作相應的會計處理。

第八條　各項財產的使用說明書、品質保證書等資料統一由總務處保管，使用部門可使用影本。

第九條　各部門對所使用的財產負有保管、保養的責任，，財產發生損害時，應查明原因、分清責任，出具調查報告和處理意見，視情節輕重進行處分。

二、物品管理規章制度

第一條　對所有入庫物品都要妥善保管，防止損壞、變質、丟失。對食品及清潔用品定期檢查保質期或有效期，防止過期失效。

第二條　對常用物品要測定每月正常消耗量，保證正常儲備量，及時提出補充計劃，在保證合理需求的前提下，減少庫存量，加速資金週轉，防止物資積壓。

第三條　庫存物品要定期盤點，每月 25 日對在用物品做一次清點(期初數＋本期增加數－本期消耗數期末盤點數)。檢查消耗量是否合理，期末辦理退庫手續，以正確核算成本。

第四條　對庫存物品每月抽查(不少於 10%)，每季進行一次全面盤點，要求做到賬物相符，賬賬一致。在清查中發現臨近保質期或有效期的物品要及時提出處理意見。

第五條　工具、器具及低值易耗品、針棉織品要以舊換新。

第六條　物品丟失要讓責任者按質賠償後方可補發。特殊情況由部門經理說明原因，總會計師審批後方能補領。單項價值超過 500 元的物品要經總經理批准：

第七條　紀念品、禮品等作交際應酬用的物品，領用時要經總經理或總經理授權人批准。

第八條　物資保管員要嚴格遵守規章制度和工作程序，認真做好物品收貨、器管、發放工作。對超計劃領用，不符合報批手續的有權拒絕發貨，並及時向部門經理彙報。

第九條　工程及維修所用材料，考慮其品種多、需急用等特點，採購物資辦完驗收手續後，實物由工程部設專人保管，並建立實物賬。物資三級賬在計財物支部設置，進行統計核算。

第十條　每月末工程部庫房管理人員要對所管物資與計財物資部三級明細賬逐一核對，保證賬物相符。工程部實物賬與計財部三級賬要做到賬賬一致。計財物資部有責任對工程部庫房進行不定期抽查。每季抽查物品品種不能少於 30%，每半年進行一次大清點，年終進行全面盤點。

第十一條　工程項目及大、中修使用的材料、備件、設備等按工程預算及修理計劃做好儲備及供應。

第十二條　積壓物資的管理：各類物資 1 年內無人領用，經使用部門確認 1 年內仍不需用的，除專用的市場短缺物資，均可視為積壓物資。計財部按上述條件每半年提供一次積壓物資明細表，並說明造成積壓的原因。凡因為個人原因造成物資積壓，要由責任者承擔部份損失(視情節不同分別確定賠償比例)。

三、固定資產管理制度

第一條　為加強對公司所屬固定資產的管理，使固定資產管理工作規範化，特制定本制度。

第二條　本制度中的固定資產包括公司所屬的土地、構築物、建築物、機械裝置、車輛、船舶、工具、器具、山林和樹木等。但不滿規定使用年限或價值不足 XX 元的，不在此列。

第三條　固定資產的取得、讓渡、移交、報廢、借貸及擔保，必須向總經理請示，並經其裁決後才可進行。

第四條　固定資產的新建、改建以及其他屬資本支出的維修工程，必須經總經理裁決後才可進行。裁決後的工程，如工程費用明顯超過預算額，須追加申請。如有難以預測的偶發事件，須及時向總經理報告。工程完工後，應及時提出預決算報告。

第五條　發包工程採取競標方式，競標公司至少應有兩家以上，並依據其信用狀況和投標書確定承包者。

第六條　在發包合約上，必須寫明與工程有關的材料支付等內容。

第七條　與固定資產取得相關的支出，均透過臨時會計科目處理，待工程完工，經總經理裁決後，編入正式的固定資產科目。固定資產的取得價格，按以下基準確定：

1. 工程類。按材料費、勞務費、工程發包費合計額確定。
2. 購入類。按購入價格和購入直接費合計額確定。
3. 交換類。按不低於交換時的帳面價格確定。
4. 贈與類。參考市場價格來確定。

第八條　固定資產的管理責任者在公司其他有關規定中另行確定。

第九條　管理責任者應設立固定資產管理台賬，以準確記錄固定資產的現狀及增減情況。

第十條　管理責任者應注意固定資產的狀況，當需要改造或修理時，須迅速向上級主管報告。

第十一條　在固定資產的改造與修理費中，能夠增加其能力或延長其使用年限的部份，應計入該固定資產的價格中。但僅維持固定資產使用效果的費用應視作維護費。

第十二條 管理責任者應在第一財政年度末，與財會人員共同進行固定資產的核資查賬。

第十三條 固定資產的讓渡處理必須履行請示裁決程序，且應透過競價方式處理固定資產。

第十四條 固定資產在公司內部移交，必須得到總經理的裁決。移交價格為原值扣除累計折舊額。

第十五條 固定資產在取得和移交時，應辦理不動產登記手續。

第十六條 財會人員依據固定資產台賬，進行會計處理。在每一財政年度，至少要進行一次固定資產台賬與管理台賬的對賬，但賬外資產不在此列。

第十七條 經總經理裁定價格後，可進行與資產增加、移交、臨時折舊、處理、報廢、讓渡相關的固定資產台賬修訂。

第十八條 固定資產自啟用日起進行折舊，折舊基金按照有關規定間接提取。但對預計可能中間報廢而需臨時折舊的固定資產，不提取折舊。

第十九條 在固定資產發生重大損傷且其價值明顯減少的情況下，經總經理裁決，必須進行臨時折舊處理。

第二十條 固定資產的殘值，原則上定為其原值的 1%。

第二十一條 固定資產的使用年限和折舊率，按照法人稅法的規定辦理。

第二十二條 固定資產應投保火災保險，保險金額由總務部經理確定，並經總經理批准。

四、公物使用管理規章制度

第一條　公司提倡艱苦創業、勤儉節約。員工要做到愛惜公物，物盡其用，反對奢侈和浪費。

第二條　公司資產不得挪作私用。員工不得用公款購買家庭、生活用品自用。宿舍公物，須由總辦統一安排，不經批准，任何人不得擅自動用或取走。

第三條　消費性物品的購買，包括辦公室的設備、文具等，除公司另有安排外，必須由總辦統一負責購買。購回的物品，由總辦負責登記造冊，集中保管，計劃分配。

第四條　小件消費性物品的領用，各部室應指派專人負責，其他人不得隨意領取。大件物品的購買、領用，須按公司規定的開支審批權限，經有審批權批准後才能辦理。

第五條　員工違反本規定第二條內容，情節較重的，以貪污或挪用公物論，處 1000 元以上罰款直至開除。情節較輕或違反本規定其他條款的，批評或處 500 元以上、100 元以下罰款。管理人員違反規定，致使公物流失的，由其本人負責追回，無法追回造成公司損失的，由責任人負責任。

五、資料借閱管理實施方案

1. 目的

鑑於公司當前資料借閱工作不規範、資料遺失嚴重的現象，特制定本方案，在方便、快捷借閱資料的同時保證資料檔案的保密、完整和安全。

2. 資料範圍

本方案中的資料指在公司資料室保存的所有文件。

3. 執行部門

資料供閱管理由行政部專職人員負責執行。

4. 借閱的分類

資料借閱分為查閱和借出兩種。查閱是指借閱人在公司規定場所閱看資料；借出是指借閱人在公司規定場所以外的地方閱看資料。

5. 借閱的時間、地點

⑴公司資料借閱時間統一為週一至週五，上午八點至下午五點。

⑵資料借閱地點為公司資料室。

⑶如在規定時間外急需借閱資料，須經部門主管簽字，報行政部經理審批，審批通過後，聯繫行政部專職人員辦理借閱手續。

⑷資料的借閱期限為一天；若借閱人工作需要可申請續借資料，但借閱總時間不能超過天。

6. 借閱的程序

⑴提出借閱申請。各部門人員需要借閱資料的，須先報本部門經理核准，核准後到行政部填寫「資料借閱申請表」。

⑵借閱申請審批。行政部專職人員將「資料借閱申請表」報行政部經理審批，超出行政部經理權限的報總經理審批。

⑶辦理借閱手續。經行政部經理或總經理審批簽字後，行政部專職人員為借閱人辦理借閱手續：首先，行政部專職人員查找借閱資料；然後，借閱雙方當面點清資料的份數、頁數，檢查資料是否完整；最後，行政部專職人員填寫「資料借閱登記表」並將資料借與借閱人。

⑷辦理續借手續。借閱人需延期借閱資料的，須到行政部辦理續借手續。借閱人配合行政部專職人員填寫「資料續借申請表」，再

由行政部專職人員將申請表報行政部經理審批（超過行政部經理權限的報總經理審批），行政部經理或總經理審批簽字後，行政部專職人員在「資料續借登記表」上登記並將資料借與借閱人。

⑸歸還資料。借閱人閱看完畢資料後應及時完整歸還。歸還時，借閱雙方應仔細核對、清點資料，核對無誤後將資料登記、歸檔整理。

7.資料借閱的規則

在資料借閱過程中，行政部專職人員和借閱人必須遵守以下規則。

⑴借閱資料時，行政部專職人員應嚴格按照公司規定，主動熱情地做好資料借閱管理工作，嚴禁擅離職守，嚴防失密、洩密等事件發生。

⑵借閱人應愛護資料文件，保護資料的安全和秘密，不得擅自塗改、勾畫、裁剪、抽取、拆散和損壞。如造成借閱資料丟失、損壞，借閱人應按原價的＿＿＿倍予以賠償。

⑶借閱人不許查閱申請外的資料。

⑷借閱人需要摘抄或複印資料時，行政部專職人員須對其要摘抄或複印的資料文件認真核對，嚴格把關，報相關主管批准後方可允許其摘抄或複印。

⑸案卷一般不得借出，只能在公司資料室內查閱，未立卷的資料檔案可申請借出。

⑹借閱的資料不得轉借他人或讓他人查看。

⑺對於長期借閱資料不還，不說明原因又不辦理續借手續的，行政部專職人員應催促其馬上歸還，否則上報行政部經理根據公司有關規定對其進行處罰。

⑻外單位借閱資料時，應持有單位介紹信，並經總經理批准後

方可借閱，借閱文件不得帶離檔案室。若要摘抄或複印資料時，應經總經理同意，行政部專職人員對摘抄或複印內容要嚴格審查並簽章。

⑼資料歸還後，行政部專職人員應及時對資料文件進行歸檔、整理。每年年底，行政部專職人員要對全年借出資料進行清點、催還。若借閱人因工作需要不能歸還的，可重新辦理續借手續。

⑽凡調出、離職或較長時間外出工作、學習的人員，離開公司前必須歸還全部所借資料文件，否則不予辦理調離手續。

⑾行政部專職人員和資料借閱人員應嚴格遵守上述規定，對違反規定者，視情節輕重給予批評教育、處罰等處分。

心得欄 ------------------------------

第 7 章

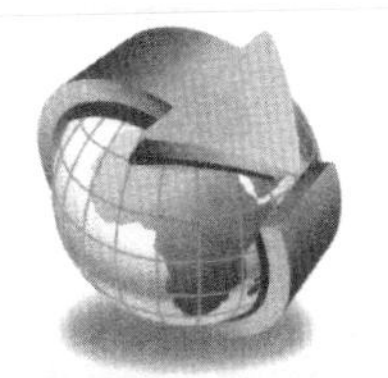

行政部的人事管理

第一節　行政人事崗位職責

一、行政人事主管崗位職責

根據公司發展戰略和年度經營計劃，行政人事主管要組織制定公司年度行政工作計劃，為公司經營正常有序地進行提供良好的後勤保障服務，其具體職責如下所示。

· 編製公司行政管理的各項規章制度並監督執行

· 負責行政預算、費用管理與統計

· 組織辦公行政用品的購買、登記、發放與管理

· 組織做好公司的來賓接待或相關外聯工作

· 與公司內部各部門進行良好的溝通與協調，處理好各部門之間關係，確保公司各項運作正常開展

· 負責公司行政車輛的調度，協調各部門車輛的使用

・組織人員對公司行政車輛進行日常維護與對駕駛員的日常管理

・組織搜集並整理公司內部資訊，及時組織編寫公司大事記

・組織協調公司的後勤工作，包括辦公環境的維護，員工食堂、員工宿舍的管理等

・根據公司績效管理政策，對本部門人員進行績效考核

二、行政人事管理專員職責

行政人事管理專員協助行政主管完成公司的日常行政事務工作，其具體職責如下所示。

・負責辦公用品的登記、採購、發放管理

・負責文件、報刊、雜誌等的收發管理

・協助行政主管嚴格控制各項行政費用支出，確認費用分攤範圍

・管理各部門的考勤工作，並對各部門的考勤情況進行匯總統計

・收集匯總員工提及的涉及人事行政和人力資源管理工作的問題、意見和建議並及時向相關部門回饋

・管理車輛的使用與日常維護和保養

・負責員工人事資料的建檔、維護和及時更新

第二節　人事管理制度

一、員工考勤管理制度

第 1 章　目的

第 1 條：為員工能明確工作和休息時間，嚴格遵守紀律，保證工作效率，特制定本制度。

第 2 章　作息時間

第 2 條：公司實行每天 8 小時標準工作日制度，週一至週五為正常工作日，週六、週日休息，若有特殊情況，可另行安排作息時間。

第 3 條：上班時間為每天上午 8：30～下午 17：00，中午 12：00～13：00 為午餐時間。

第 3 章　考勤(打卡)規定

第 4 條：打卡地點：公司 XX 處。

第 5 條：打卡時間：每天上午 8：30～9：00，下午 17：00～18：00，一天打卡兩次。

第 6 條：員工上下班必須打卡，因故不能打卡者，須在當天向上一級負責人陳述原因(出差者除外)，並由部門負責人簽字報人力資源部，否則以曠工論處。

第 7 條：所有員工上下班均需親自打卡，任何人不得代理他人或由他人代理打卡，違反此條規定者，一經發現。打卡者與持卡者每次各扣罰薪水 XX 元。

第 8 條：公司每天安排人員監督員工上下班打卡，並負責將員工出勤情況報告值班，由值班報至勞資部，勞資部據此核發全勤獎金及填報員工考核表。

第 9 條：考勤卡損毀或丟失，影響打卡考勤的，須及時向總公司辦公室備案。

第 10 條：各部門負責人為本部門考勤第一責任人，考勤員由部門負責人確定。

第 11 條：各部門(或實體)每月 X 日前根據考勤原始記載和打卡記錄情況，對本部門上月的出勤情況實事求是地匯總，經部門主要負責人審定並簽字後報總公司辦公室(或實體)匯總。

第 12 條：全體員工的年度考勤情況，由總公司辦公室負責在次年的元月十日前予以公示。

第 4 章　出勤管理辦法

第 13 條：員工出勤管理辦法見下表。

表 7-2-1　員工出勤管理辦法

類別	說明	執行措施
遲到	XX 分鐘以內	每次罰款 XX 元，達到三次者，罰款 XX 元
	XX 分鐘以上 XX 分鐘以內	每次罰款 XX 元
	XX 分鐘以上	作曠工一天處理，罰款 XX 元
早退	XX 分鐘以內	每次罰款 XX 元，達到三次者，罰款 XX 元
	XX 分鐘以上 XX 分鐘以內	每次罰款 XX 元
	XX 分鐘以上	作曠工一天處理，罰款 XX 元
曠工	未經提前請假，私自不來上班者按曠工處理	曠工一次罰款 XX 元，一個月內累計三次將予以辭退

續表

病假	員工病假須提前通知部門主管，並出具醫院診斷證明	按員工日薪水的 XX%計發
事假	事假必須提前 1 天以書面形式通知銷售經理，經批准後方可執行，未經批准，擅自離崗，以曠工處理超期請假須經公司總經理批准，方可離崗。超期離崗者，以曠工處理。超期 4 天以上。視為自動離職	事假期間扣除當天薪水
外出	員工外出辦理與工作相關事宜，須向部門主管請示，獲得批准後方可外出，並應在辦完事情後，立即返回。同時，不得利用外出時間辦理與工作無關的私人事宜	1. 因工作需要外出且獲得部門主管的批准。按正常薪水核發 2. 未經批准私自外出按曠工處理

第 5 章　休假

第 14 條：假日

(1)一般公休日：週六、週日

(2)法定節假日：元旦 3 天、春節 3 天、勞工節 1 天、國慶節 3 天

上述給假為一般執行標準，因公司工作需要，總經理可以調整與決定具體的放假時間和長短。

第 15 條：事假

(1)員工遇事必須在工作時間親自辦理，應事先填寫《員工請假表》(見下表)，註明請假類別，經部門經理批准並把工作交待清楚後可休事假。

表 7-2-2　員工請假表

<table>
<tr><td>姓名</td><td colspan="2"></td><td>所屬部門</td><td></td><td>請假日期</td><td></td></tr>
<tr><td>假期類型</td><td colspan="6">□事假 □年休假 □婚假 □病假 □喪假 □產假 □其他</td></tr>
<tr><td rowspan="2">請假時間</td><td>開始時間</td><td colspan="2">年 月 日 時</td><td>結束時間</td><td colspan="2">年 月 日 時</td></tr>
<tr><td>申請假期時間</td><td colspan="2">天 時</td><td>批准假期時間</td><td colspan="2">天 時</td></tr>
<tr><td>請假事由</td><td colspan="6"></td></tr>
<tr><td>直接主管簽字</td><td colspan="6"></td></tr>
<tr><td>部門經理簽字</td><td colspan="6"></td></tr>
<tr><td>人力資源部意見</td><td colspan="6"></td></tr>
<tr><td colspan="7">填表說明
1. 請病假超過 1 天，需檢附公司指定醫院的證明
2. 請假員工按請假原因在適當欄內劃即可
3. 請假期間及准假權限按人力資源相關規定辦理
4. 假期核定後，經本部門登記後轉送人力資源部備查</td></tr>
</table>

(2)無法事先請假的，可以以電話、傳真的方式請假，獲得批准後方可請事假。

(3)每月不得超過 X 天，全年累計不得超過 X 天，逾假者以曠工論。

(4)事假不滿一日者以實際請假時間計算。

(5)事假必須事前請准，不得事後補請。如因特別事故不能事前請假者，須申述充足理由，呈請特准者才可補假。

(6)一般員工請假 X 天內由直接主管批准；X 天以上至 X 天以內

應由隔級上級批准；X 天以上事假必須報總經理批准。

(7)中層以上管理人員請假需經總經理批准，報人力資源部備案。

(8)員工請事假期間不享受正常薪水和津貼。

第 16 條：病假

(1)因病或非因公受傷，憑公司規定的醫院病休證明，予以休病假。

(2)員工病假期間的薪水按其日薪水標準的 X%核發(累計病假在半年以內)。病假累計超過半年的，員工工齡為 X 及以上的，按其日薪水標準的 X%核發，員工工齡為 X 及以下的，按其日薪水標準的 X%核發。

第 17 條：婚假

(1)符合法定婚齡的員工可享受婚假 3 天；符合法定晚婚年齡的員工婚假可增加到 10 天。

(2)休婚假的員工需持《結婚證》辦理休假手續，否則按事假處理。

(3)婚假期間享受崗位薪水和津貼，但不享受績效薪水。

第 18 條：產假

(1)符合正常分娩者給予產假 90 天，難產者增加 15 天，多胞胎生育者每多育一個嬰兒，增加產假 15 天。

(2)公司將在不違反國家規定的情況下，對薪水標準做適當調整。

第 19 條：喪假

職工配偶、父母、子女或養父母死亡，給喪假 3 天；祖父、祖母、外祖父、外祖母、岳父母、公婆死亡，給喪假 2 天。外地酌情計路程假，假期薪水照發。

第 6 章　加班管理

第 20 條：加班類別及實施程序

(1)工作日加班，即員工正常工作時間 8 小時以外的時間進行工作。員工加班，需於加班前一天填寫《員工加班申請單》(見下表)，一般員工經直接主管批准，主管級員工經部門經理批准。

表 7-2-3　員工加班申請單

<table>
<tr><td>姓名</td><td></td><td>職位</td><td></td><td>所屬部門</td><td></td><td>申請日期</td><td></td></tr>
<tr><td>加班時段</td><td colspan="7">□工作日加班 □週末假日加班 □法定節日加班</td></tr>
<tr><td>預定加班時間</td><td colspan="7">年 月 日 時 分至 年 月 日 時 分</td></tr>
<tr><td>變更預定加班
時間及原因</td><td colspan="7"></td></tr>
<tr><td>加班事由</td><td colspan="7"></td></tr>
<tr><td>工作地點及其他
相關人員</td><td colspan="7"></td></tr>
<tr><td>直接主管審批</td><td colspan="7">□同意 □不同意，予以說明</td></tr>
<tr><td>部門經理審批</td><td colspan="3"></td><td colspan="2">審批日期</td><td colspan="2"></td></tr>
<tr><td>人力資源部審批</td><td colspan="7"></td></tr>
</table>

(2)公休日加班，即週六、週日加班，員工需在加班前最後一個星期五的下班前將填好的《員工班申請單》交至相關審批。

(3)節假日加班，於加班前的最後 X 個工作日內將《員工班申請單》交至相關審批。

第 21 條：加班待遇規定

(1)員工因加班而事後安排補休的，不予以計發加班薪水。

(2)正常工作日員工加班，原則上一般不超過 4 個小時，加班薪資＝基本小時薪水×150%。

(3)公休日加班，加班薪資＝日基本薪水×200%。

(4)法定節假日加班，加班薪資＝日基本薪水×300%。

(5)加班費連同員工薪水於每月 10 日發放。

第 22 條：不得報銷加班費的包括以下人員。

(1)公差外出已支領出差費者。

(2)銷售人員任何時間從事工作，均不得支領加班費。

(3)門房、守夜、司機、廚師等因工作情形有別，其薪資已包括工作時間因素在內的人員，不得支領加班費。

第 7 章　考勤管理

第 23 條：員工必須按時上下班，堅守工作崗位，聽從指揮，服從分配，努力做好本職工作，保質保量地完成各項工作任務。

第 24 條：各部門考勤由公司行政部、部門主管監督執行，各部門主管於次月 X 日前將員工考勤統計匯總，上報公司行政部。

第 25 條：事假、病假、休息離崗前必須填寫工作交接單，離崗人員與指定人員進行工作交接，以保證工作的連續性。未填寫工作交接單者，每次處以 XX 元的罰款。

第 26 條：外出前必須填寫《員工外出登記表》(見下表)，未填寫者以曠工處理。

表 7-2-4　員工外出登記表

<table>
<tr><td>姓名</td><td></td><td>崗位</td><td></td><td>所屬部門</td><td></td></tr>
<tr><td>外出時間</td><td colspan="2"></td><td>預計返回時間</td><td colspan="2"></td></tr>
<tr><td>外出事由</td><td colspan="5"></td></tr>
<tr><td>部門經理意見</td><td colspan="5"></td></tr>
</table>

第 27 條：員工無故不上班，以曠工論處。曠工半天扣半天薪水

(以此類推)，取消當月全勤獎，連續曠工 X 天作自動辭職處理，並罰沒其當月全額薪水作為工作(生產)損失的賠償。

第 28 條：工作人員全年的考勤結果作為年度考核評定等級的依據之一，並與年終一次性獎金掛鈎。全年遲到、早退累計 X 次以上者，年度考核不得評為優秀。其中，全年累計遲到、早退次數達 X～X 次者，扣發 X%的年終一次性獎金。

第 29 條：公司將不定期對考勤情況進行抽查，檢查結果作為各部門年度考核的一項內容。

第 8 章　其他

第 30 條：對嚴重違反考勤制度，經教育不改者，除按上述規定予以處罰外，還將視情節輕重，予以責令警告、記過直至辭退處理。

第 31 條：各部門考勤統計結果嚴重失實，一旦被查實，考勤員、部門負責人負連帶責任，將受到與當事人同等的處罰。

二、員工出差管理制度

第 1 章　總則

第 1 條：為規範出差管理流程，加強出差預算的管理，特制定本制度。

第 2 條：本公司員工因公務上需要，受命出差國內外(包括遷調)者，悉依照本制度之規定辦理。

第 2 章　出差程序與審核權限

第 3 條：員工出差前應填寫《員工出差申請表》。出差期限由派遣負責人視情況需要，事前予以核定，並依照程序核實。

表 7-2-5　員工出差申請表

出差申請人		部門		崗位		職務	
預計出差時間	年　月　日～　年　月　日					共計	天
出差事由							
費用預算							
預借費用							
部門經理							
財務部審核							
總經理審核							

(1)員工將填寫好的《出差申請表》送人力資源部留存。

(2)出差途中生病、遇意外或因工作實際，需要延長差旅時間時，應打電話向公司請示；不得因私事或藉故延長出差時間，否則其差旅費不予報銷。

第 4 條：出差的審核決定權限如下。

(1)當日出差：出差當日可能往返，一般由部門經理核准。

(2)遠途國內出差：X 日內由部門經理核准，X 日以上由主管副總核准，部門經理以上人員一律由總經理核准。

(3)國外出差，一律由總經理核准。

第 3 章　出差費用報銷

第 5 條：出差費包括如下內容：

(1)交通費；

(2)出差補貼；

(3)住宿費；

(4)伙食費；

(5)通信費；

(6)正當業務支出費用；

(7)其他。

第 6 條：出差人憑核准的《出差申請表》向財務部暫支相當數額的差旅費，返回後 X 天內需出具「差旅費報告單」，並結清暫支款。

第 7 條：當日出差

(1)當日出差每延誤正餐時間 1 小時以上，得按延誤餐次支給誤餐費每餐 XX 元。但外勤已支津貼人員概不支給誤餐費。

(2)當日出差之交通費及其他必要的開支憑相關證明實數支給，其費用報銷憑證丟失者，應說明丟失原因；使用公司提供的交通工具者，不支付交通費。

(3)當日出差人員必須於當日趕回，不得在外住宿。但因實際需要，需事先通知部門主管，其發生的必要的費用，員工返回公司後如數予以報銷。

第 8 條：國內遠途出差

(1)出差旅費分為交通費、住宿費、伙食費、業務支出費及其他雜費等。

(2)隨同離職人員出行的一般工作人員，其差旅費用可按高職人員的差旅費用支付。

第 9 條：國外出差

(1)國外出差人員得憑核准的《出差申請表》預編出差費概算，於出國前向財務部預借旅費。

(2)出國人員如夜間恰在旅途中，不得報銷當日住宿費。

(3)出國人員回國後 X 日內提交工作報告。

第 10 條：費用報銷標準

表 7-2-6　費用報銷標準

單位：元

職別／費用標準		總經理	副總經理	各部門經理及主管	一般員工
交通費		實報	實報	參見另案管理	參見另案管理
每日住宿費		實報	實報		
每日餐費	早餐	實報	實報		
	午餐	實報	實報		
	晚餐	實報	實報		
每日雜費		實報	實報		
業務必要開支		實報	實報		

註：不按上表規定而超出報銷標準的費用，必須提交書面說明，寫明理由，經副總經理簽字後方可報銷，否則由報銷人自己承擔。

三、公司提案管理制度

第 1 章　目的

第 1 條：為充分發揮廣大員工的聰明才智，激發員工積極性、主動性和創造性，鼓勵員工對公司在經營管理過程中的問題和不足之處提出合理化建議，給公司帶來更大的經濟效益，特制定本制度。

第 2 章　提案項目範圍

第 2 條：對於企業產品銷售或售後服務，提出具體改進方案，對企業發展具有重大價值或增進企業效益者。

第 3 條：對於產品維護技術，提出改進方法，並值得實行者。

第 4 條：對於企業各項作業方法、程序和報表等提供改善意見，具有降低成本、簡化作業、提高工作效率者。

第 5 條：對於企業未來經營的研究發展事項，提出研究報告，具有採納價值或實際效果者。

第 6 條：適應於市場的新產品、新技術、新材料和新設計。

第 7 條：對引進的先進設備製造技術和先進技術進行消化、吸收和改進者。

第 8 條：開拓新的生產業務。

第 9 條：電腦技術在通信生產和管理中的應用。

第 10 條：生產中急需解決的技術難題。

第 11 條：有關機器設備以及其維護保養的改善。

第 12 條：有關提高原料的使用效率，改用替代品原料，節約能源等。

第 13 條：新產品的設計、製造、包裝及新市場的開發等。

第 14 條：廢棄能源的回收利用。

第 15 條：促進作業安全，預防災害發生等。

第 16 條：對於企業各項規章、制度、辦法提供具體改善建議，有助於企業經營效益提高者。

第 17 條：提出上述提案建議應使用公司規定的《提案建議表》（見下表）。

表 7-2-7　提案建議表

姓名		崗位		所屬部門	
提案改善類別	□工程類化 □產品類 □管理類 □其他(請註明)				
目前現狀及存在的問題					
建議改善的內容					
改善後的預期效果					
部門經理意見					
行政部意見					
總經理意見					

第 3 章　提案審核委員會

第 18 條：本企業為審議員工建議案，設置「員工建議審議委員會」(以下簡稱「審委會」)，由各部門主管為主要審議委員。

第 19 條：審委會的職責如下：

(1)關於員工建議案的審議事項；

(2)關於員工-建議案評審標準的研討事項；

(3)關於員工建議案獎金金額的研討事項；

(4)關於員工建議案實施成果的研討事項；

(5)其他有關建議制度的研究改進事項。

第 4 章　獎勵的標準

第 20 條：由審委會根據有關員工建議案審議表中各個審議項目分別逐項研討並評定分數後，以總平均分數擬定等級及獎金金額，如下表所示。

表 7-2-8　提案獎勵標準

等級	獎金(單位：元)
1	×××
2	×××
3	×××

第 21 條： 建議案經審委會審定認為不宜被採納實施的，應將建議案交由行政部主管據實委婉核對簽註理由，通知原建議人。

第 22 條： 建議案經審委會審定認為可以採納並實施於本企業者，應由審委會召集人會同行政部主管，於審委會審定後 3 日內，以書面形式詳細註明建議人姓名、建議案內容及該建議案實施後對企業的可能貢獻、核定等級及獎金數額及理由，同審委會各委員的審議表，一併報請經營會議復議後，由總經理核定。

第 23 條： 為避免審委會各委員對建議人的主觀印象，影響審議結果的公平，行政部主管在建議案未經審委會審議前，對建議人的姓名應予以保密，不得洩露。

第 24 條： 建議案如由 2 人以上共同提議的，其所得獎金按人數平均分配。

第 25 條： 有下列情形之一者，不得申請獎勵。

(1)各級主管人員對其本身職責範圍內所提出的建議。

(2)被指派或聘用為專門研究工作而提出與該工作有關的建議方案者。

(3)由主管指定其為業務、管理、技術的改進或工作方法、程序、報表的改善或簡化等作業，而獲得改進建議者。

(4)同一建議事項，他人已經提出並已獲得獎金的。

第三節　企業員工守則

一、企業員工守則

1. 員工應遵守本公司一切規章、通告及公告。

2. 員工應遵守下列事項：

⑴盡職盡責，服從領導，不得有陽奉陰違或敷衍塞責的行為。

⑵不得經營與本公司類似及職務上有關的業務，或兼任其他廠商的職務。

⑶全體員工必須時常鍛鍊自己的工作技能，在工作上精益求精，提高工作效率。

⑷不得洩漏業務或企業機密，或假借職權，貪污舞弊，接受招待或以公司名義在外招搖撞騙。

⑸員工於工作時間內，未經核准不得接見親友或與來賓、參觀者談話，如確因重要事務必須會客時，應經主管人員核准並指定地點，時間不得超過 15 分鐘。

⑹不得攜帶違禁品、危險品或與生產無關品進入工作場所。

⑺不得私自攜帶公物(包括生產資料及影本)出廠。

⑻未經主管或部門負責人允許，嚴禁進入變電室、品質管理室、倉庫及其他禁人重地。工作時間中不准任意離開崗位，如需離開應向主管人員請准後方得離開。

⑼員工每日應注意保持作業地點及更衣室、宿舍環境清潔。

⑽員工在作業開始後不得怠慢拖延，作業中應全神貫注，嚴禁看雜誌、電視、報紙以及抽煙，以便增進工作效率並防範危險。

⑾應通力合作，同舟共濟，不得吵鬧、鬥毆、搭訕、攀談或互相聊天閒談、或搬弄是非，擾亂秩序。

⑿全體員工必須瞭解，惟有努力生產，提高品質，才能獲得改善及增進福利，以達到互助合作、勞資兩利的目的。

⒀各級主管單位負責人必須注意自身涵養，領導所屬員工，同舟共濟，提高工作者情緒，使部屬精神愉快，在職業上有安全感。

⒁工作時間，除主管及事務人員外，員工不得打接私人電話，如確為重要事項時，應經管理人員核准後方可使用。

⒂按規定時間上下班，不得無故遲到、早退。

3. 員工每日工作時間以 8 小時為原則，生產單位或業務單位每日作息另行公佈實施，但因特殊情況或工作未完成者應自動延長工作時間，每日延長工作時間不超過 4 小時。

4. 經理級(含)以下員工，上下班均應親自打卡計時，不得托人或受託打卡，否則以雙方曠工 1 日論處。

5. 員工如有遲到、早退或曠工等事情，依下列規定處分：

⑴遲到、早退

①員工均須按時上下班，工作時間開始後 3 分鐘到 15 分以內到班者為遲到；

②遲到每次扣 300 元，撥入福利金；

③工作時間終了前 15 分鐘內下班者為早退；

④超過 15 分鐘後，遲到者應辦理請假手續，但因公外出或請假皆須報備並經主管證明者除外；

⑤無故提前 15 分鐘以上下班者以曠工半日論，但因公外出或請假經主管證明者除外；

⑥下班忘記打卡者，應於次日經單位主管證明才視為不早退。

⑵曠工

①未經請假或假滿未經續假而擅自不到職者，以曠工論；

②委託或代人打卡或偽造出勤記錄者，一經查明屬實，雙方均以曠工論處；

③員工曠工，不發薪資及津貼；

④無故連續曠工 3 日，或全月累計無故曠工 6 日，或 1 年曠工達 12 日者，應予解僱，不發給資遣費。

二、員工規範管理制度

第一條　著裝要求：重大活動和公司要求的場合應著統一服裝，著裝必須乾淨整齊，不得出現體味、口味等不潔現象。皮鞋必須保持清潔，不得穿拖鞋(含拖式涼鞋)、運動鞋、布鞋等或赤腳穿鞋上班。

第二條　維護衛生保潔，個人桌上物品擺放整齊，不得亂扔文件、紙張、廢棄物。不得在牆面、桌面、電腦上貼、寫、畫。電源、用電設備旁不得擺放水杯。損壞物品須賠償。

第三條　工作時間不得私自外出、瞌睡、閒聊、吃東西。

第四條　對所有來訪的客人都應謙恭接待。最先看到客人的員工必須立即起身問候，並給予適當安排(通常情況應隨即給客人倒一杯溫水或熱茶)。為客人指引方向時需手心向上，手指併攏，忌用食指。

第五條　辦公區、就餐區一律禁止吸煙，吸煙請到吸煙區。

第六條　員工在辦公區不得出現以下行為：

1. 在辦公區域內吃食品；
2. 個人辦公區上擺放紙團、廢棄物等與工作無關的物品；

3. 個人座椅上的頭髮、污漬不及時清理：

4. 電腦螢幕、鍵盤長時間不清理；

5. 個人辦公區電話線、電腦線、電源線混亂；

6. 桌洞下堆積雜物；

7. 發送與工作無關的手機短信；

8. 下班後不及時將椅子放回桌下；

9. 借閱報紙刊物等不及時放回原位並放置整齊；

10. 不注重個人修養，如大聲談笑喧嘩、坐姿站姿不雅、服裝儀容不整等。

第七條　不得在辦公區播放、收聽音樂。

第八條　接聽來電應使用普通話及禮貌用語。語氣和藹親切、聲音明朗清晰，態度誠懇友善，應答明白易懂，措辭得當。同時，儘量把聲音放小，以免影響他人。

第九條　禁止佔用公司的電話線路聊天。不得私自撥打長途電話、信息台電話。

第十條　不得在工作時間撥打、接聽私人電話，遇特殊緊急情況時應長話短說。

第十一條　遇臨時緊要事務，雖非辦公時間也應快速辦理，不得藉故推諉。

第十二條　嚴禁利用公司的各種設備、資源、信息等進行私下交易。非經公司許可，不得擅自兼任其他單位的職務。

第十三條　不得對外洩露公司的經營情況、客戶情況，未經許可不得翻閱不屬於自己掌管的文件。

第十四條　嚴禁以任何形式收受回扣、接受招待、虛報成本、營私舞弊。

第十五條　若因私事須請假，應提前向辦公室負責人申請，經批准後方可離開。

三、行政辦公紀律管理制度

第一條　凡本公司職員上班要戴公司卡。

第二條　堅守工作崗位不要串崗。

第三條　上班時間不要看報紙、玩電腦遊戲、打瞌睡或做與工作無關的事情。

第四條　辦公桌上應保持整潔，並注意辦公室的安靜。

第五條　上班時穿西裝和職業裝，不能穿超短裙與無袖上衣及休閒裝，不要在辦公室化妝。

第六條　接待來訪和業務洽談應在會議室進行。

第七條　不要因私事長時間佔用電話。

第八條　不要因私事撥打公司長途電話。

第九條　不要在公司電腦上發送私人郵件或上網聊天。

第十條　未經允許，不要使用其他部門的電腦。

第十一條　所有電子郵件的發出，必須經部門經理批准，以公司名義發出的郵件須經總經理批准。

第十二條　未經總經理批准和部門經理授意，不要索取、列印、複印其他部門的資料。

第十三條　不要遲到早退，否則扣發薪資。

第十四條　請假須經部門經理、分管副總或經理書面批准，到辦公室備案；假條未在辦公室及時備案者，以曠工論處，扣減薪資。

第十五條　平時加班必須經部門經理批准，事後備案公司不發加班費。

第十六條　無論任何原因，不得代他人刷卡，否則將被公司開除。

第十七條　因工作原因未及時打卡，須及時請部門經理簽字後於次日報辦公室補簽，否則作曠工處理。

第十八條　加班必須預先由部門經理批准後再向辦公室申報，凡加班後申報的，辦公室將不予認可。

第十九條　在月末統計考勤時，辦公室對任何空白考勤不予補簽，如因故未打卡，請到辦公室及時辦理。

第二十條　吸煙到指定地點，否則將被罰款。

第二十一條　請病假如無假條，一律認同為事假。

第二十二條　請假條應於事前交辦公室，否則將視為曠工。

第二十三條　市場部因當日外勤而不能回公司打卡的職員，請部門第一負責人在當日 8：30 以前寫出名單，由辦公室經辦人打卡。

第二十四條　凡出遠勤達 1 天以上者，須先填報經主管批准的出差證明單。

第二十五條　因故臨時外出，必須請示部門經理；各部門全體外出，必須給總經理辦公室打招呼。

第二十六條　不得將公司煙灰缸、茶杯、文具和其他公物帶回家私用。

第二十七條　在業務宴請中，勿飲酒過量。

第二十八條　無工作需要不要進入經理辦公室、電腦房、客戶服務中心、檔案室、打字室、財務部以及會議室、接待室。

四、員工日常紀律管理制度

第1章　總則

第1條：為加強公司管理，維護公司良好形象，特制定本制度。

第2章　員工通則

第2條：公司員工按照公司制定的作息時間按時上、下班，工作時間內不得擅離職守或早退。

第3條：員工上、下班走員工通道，乘員工專用電梯。

第4條：對來賓熱情禮貌。

第5條：注意自身品德修養，切忌不良嗜好。

第6條：員工之間應通力合作、同舟共濟，共同維護公司形象。

第7條：員工應忠於職守，關心公司，愛護公司，維護公司利益。

第8條：顧客至上。用心去關注、理解每一位顧客，儘量為顧客提供優質的服務。

第9條：秉公辦事、平等待人；敬業樂業、鑽研業務；講求效率。

第10條：切實服從工作安排和調度，保質保量地完成工作任務。

第11條：愛護公司財產，不浪費，不損公肥私。

第12條：保護公司信譽，不能有任何有損公司信譽的行為。

第13條：未經批准，不得洩露公司業務資訊和商業秘密。

第3章　儀容儀表

第14條：著裝應整潔、大方，顏色力求穩重，紐扣須扣好。不得捲起褲腳，不得挽起衣袖(施工、維修、搬運時可除外)。

第15條：上班時必須佩戴胸卡。胸卡應端正地佩戴在左胸口處，正面向外，不許有遮蓋，保持卡面清潔。非因工作需要，不得在公司以外的地方佩戴胸卡。

第 16 條：上班時間不得穿短褲、超短裙及無領無袖、露背、露肩、露胸裝。

第 17 條：化妝宜淡雅樸實。

第 18 條：頭髮應修剪、梳理整齊，保持乾淨，禁止梳奇異髮型。男員工不准留長髮（以髮腳不蓋過耳背及衣領為適度），禁止剃光頭、留鬍鬚。

第 19 條：男士應穿著整潔、素淡的衣服。

第 20 條：有良好的個人衛生習慣。

第 4 章　服務規範

第 21 條：接待來賓

(1)接待客人時面帶微笑，使用禮貌用語。例如，「您好」、「請稍等」、「請慢走」等。

(2)與賓客談話時應站立端正，講究禮貌，用心聆聽，不搶話插話、爭辯，講話聲音適度有分寸，語氣溫和文雅，不與來賓發生爭執。

(3)遇到客人詢問，做到有問必答，不能說「不」、「不知道」、「不會」、「不管」、「不明白」、「不行」、「不懂」等，不得以生硬、冷淡的態度待客。

(4)尊重客人風俗習慣，不議論、指點，不譏笑有生理缺陷的客人，不嬉戲客人小孩，不收受客人禮品，如實在不能推辭，工作人員應將客人送來的禮品上交公司行政部。

第 22 條：電話禮儀

(1)接電話時應在電話鈴響 3 聲內接聽電話。接聽電話應先說「您好，××」。

(2)通話過程中請對方等待時，主動致歉「對不起，請稍候」。

(3)如接到的電話不在自己的業務範圍之內，應儘快轉給相關業務人員接聽，如無法聯繫應做好書面記錄，及時轉告。接到打錯的電話應同樣禮貌對待。

(4)鄰座無人時，應主動接聽電話。

(5)通話結束時，應待顧客、客戶或者上級先掛斷電話，方可掛斷。

第 5 章　考勤與休假

第 23 條：考勤

(1)工作時間

企業每週一至週五的工作時間是每天上午 8：30 至下午 17：30(中午 12：00 至 13：00 為午餐時間)。每週工作 40 小時。各經營單位因生產需要實行不定時或綜合計時工時制的，根據各部門的員工排班表而定。

(2)考勤

①員工必須按時上下班，不得遲到、早退。

②企業上下班實行打卡的方式。員工超過 8：30 上班刷卡視為遲到，員工在 17：30 前下班刷卡視為早退。

③員工上下班必須打卡，因故不能打卡者，須在當天向上一級負責人陳述原因(出差者除外)，並由部門負責人簽字報人力資源部，否則以曠工論處。

④所有員工上下班均需親自打卡，任何人不得代理他人或由他人代理打卡，違犯此條規定者，一經發現，打卡者與持卡者每次各扣罰薪水 XX 元。

第 24 條：休假

(1)公休

①週六、週日。

②法定節假日及政府臨時公佈的休假日。

③公司年假。

表 7-3-1 年假實施規定

工作年限(單位：年)	1≤年限＜3	3≤年限＜5	年限≥5
年休假(單位：天)	3	7	10
備註	工作年限滿五年的，每為企業增加一年的服務，增加 1 個工作日的年假，但總計不得超過 20 個工作日，且不跨年度累計		

註：以上假日員工薪水照發。

(2)員工請假

表 7-3-2　員工請假

假期類別	說明	薪水待遇
事假	1. 事假須填寫請假單，請相關領導按權責核准簽章後方能生效，並報人力資源部存檔 2. 事假必須事前請准，不得事後補請，如因特別事故須申述充足理由，呈請特准者才可補假 3. 事假不滿 1 日者以實際缺勤時間計算	不計發薪資
病假	需持醫院出具的相關證明	1. 年累計病假超過半年，其工齡滿 X 年的職工按 X%計發薪水 2. 工齡滿 X 年(含 X 年)的職工按 X%計發薪水 3. 工齡不滿 X 年的職工按 X%計發薪水
工傷	根據工傷情況安排休假	按勞保規定辦理，薪資照發
婚假	符合法定婚齡的員工可享受婚假 3 天；符合法定晚婚年齡的員工可增加到婚假 10 天	薪資照發
產假	正常分娩者給予產假 90 天，難產者增加 15 天，多胞胎生育者每多育一個嬰兒，增加產假 15 天	公司將在不違反國家規定的情況下對薪水標準做適當調整
喪假	職工的配偶、父母、子女死亡，可以請喪假 3 天	薪資照發

第6章　加班規定

第25條：公司若因生產或其他業務需要，可於辦公時間以外安排員工加班。

第26條：員工因加班而事後安排補休的，不予以計發加班薪水。加班薪水計算辦法如下。

(1)正常工作日員工加班，原則上一般不超過X個小時，加班薪資＝基本小時薪水×150%。

(2)公休日加班，加班薪資＝日基本薪水×200%。

(3)法定節假日加班，加班薪資＝日基本薪水×300%。

(4)加班費連同員工薪水於每月10日發放。

第7章　工作紀律

第27條：按時上下班，不得遲到、早退。

第28條：凡本公司員工上班要佩戴胸卡、著裝整潔、不得在辦公場所化妝。

第29條：堅守工作崗位，不要串崗。

第30條：上班時間不要看報紙、玩電腦遊戲、打瞌睡或做與工作無關的事情。

第31條：不要因私事長期佔用電話。

第32條：不要在公司電腦上發送私人郵件或上網聊天。

第33條：未經允許，不要使用其他部門的電腦。

第34條：辦公桌上應保持整潔並注意辦公室的安靜。

第35條：接待來訪和業務洽談應在會議室進行。

第36條：吸煙到衛生間，在辦公場所吸煙，一經發現，罰款XX元/次。

第37條：不私自經營與公司業務有關的商業或兼任公司以外的職務。

第 38 條：服從上級指揮。如有不同意見，應婉轉相告或以書面陳述，一經上級主管決定，應立即遵照執行。

第四節　行政部的人事管理流程

一、人事管理檔案制度

1. 目的

⑴保守檔案機密。現代企業競爭中，情報戰是競爭的重要內容，而檔案機密便是企業機密的一部份。對人事檔案進行妥善保管，能有效地保守機密。

⑵維護人事檔案材料完整，防止材料損壞，這是檔案保管的主要任務。

⑶便於檔案材料的使用。保管與利用是緊密相連的，科學有序的保管是高效利用檔案材料的前提和保證。

2. 基本內容

建立健全保管制度是對人事檔案進行有效保管的關鍵。其基本內容大致包括五部份：材料歸檔制度、檢查核對制度、轉遞制度、保衛保密制度和統計制度。

⑴材料歸檔制度

新形成的檔案材料應及時歸檔，歸檔的大體程序是：

①首先對材料進行鑑別，看其是否符合歸檔的要求。

②按照材料的屬性、內容，確定其歸檔的具體位置。

③在目錄上補登材料名稱及有關內容。

④將新材料放入檔案。

⑵檢查核對制度

檢查與核對是對人事檔案材料本身進行檢查，如查看有無黴爛、蟲蛀等，也包括對人事檔案保管的環境進行檢查，如查看庫房門窗是否完好，有無其他存放錯誤等。

檢查核對一般要定期進行。但在下列情況下，也要進行檢查核對：

①突發事件之後，如被盜、遺失或水災火災之後。

②對有些檔案發生疑問之後，如不能確定某份材料是否丟失。

③發現某些損害之一，如發現材料變黴，發現了蟲蛀等。

⑶轉遞制度

轉遞制度是指相關檔案轉移投遞，不能交本人自帶。另外，收檔單位在收到檔案，核對無誤後，應在回執上簽字蓋章，及時退回。

⑷保衛保密制度

具體要求如下：

①對於較大的企業，一般要設專人負責檔案的保管，應齊備必要的存檔設備。

②庫房備有必要的防火、防潮器材。

③庫房、檔案櫃保持清潔，不准存放無關物品。

④任何人不得擅自將人事檔案材料帶到公共場合。

⑤無關人員不得進入庫房，嚴禁吸煙。

⑥離開時關燈關窗，鎖門。

⑸統計制度

人事檔案統計的內容主要有以下幾項：

①人事檔案的數量。

②人事檔案材料收集補充情況。

③檔案整理情況。

④檔案保管情況。

⑤檔案利用情況。

⑥庫房設備情況。

⑦人事檔案工作人員情況。

二、人力資源檔案利用制度

1. 目的

⑴建立人力資源檔案利用制度是為了高效、有序地利用檔案材料。檔案在利用過程中，應遵循一定的程序和手續，這是保證檔案管理秩序的重要手段。

⑵建立人力資源檔案利用制度也是為了給檔案管理活動提供規章依據。工作人員必須按照這些制度行事，這是對工作人員的基本要求。

2. 人力資源檔案利用的方式

⑴設立閱覽室以供利用查閱。閱覽室一般設在人事檔案庫房內或靠近庫房的地方，以便調卷和管理。這種方式具有諸多優點，如便於查閱指導，便於監督，利於防止洩密和丟失等。這是人事檔案利用的主要方式。

⑵借出使用。借出庫房須滿足一定的條件，例如，本機關主管需要查閱人事檔案；公安、保衛部門因特殊需要必須借用人事檔案等。借出的時間不宜過長，到期未還者應及時催還。

⑶出具證明材料。這也是人力資源檔案的功能之一。出具的證明材料可以是人力資源檔案部門按有關文件規定寫出的有關情況的證明材料，也可以是人力資源檔案材料的複製件。要求出具材料的

原因一般是提升、招工、出國等。

3.人力資源檔案利用的手續

在利用人力資源檔案時，必須符合一定的手續，這是維護人力資源檔案完整安全的重要保證。

⑴查閱手續

正規的查閱手續包括以下內容：

①由申請查閱者寫出查檔報告，在報告中寫明查閱的對象、目的、理由、查閱人的概況等情況；

②查閱單位(部門)蓋章，負責人簽字；

③由人力資源檔案部門審查批准。

人力資源檔案部門對申請報告進行審核，若理由充分，手續齊全，則給予批准。

⑵外借手續

①借檔單位(部門)寫出借檔報告，內容與查檔報告相似；

②借檔單位(部門)蓋章，負責人簽字；

③人力資源檔案部門對其進行審核、批准；

④進行借檔登記。把借檔的時間，材料名稱、份數、理由等填清楚，並由借檔人員簽字；

⑤歸還時，及時在外借登記上注銷。

⑶出具證明材料的手續

單位、部門或個人需要由人力資源檔案部門出具證明材料時，需履行以下手續：

①由有關單位(部門)開具介紹信，說明要求出具證明材料的理由，並加蓋公章；

②人事檔案部門按照有關規定，結合利用者的要求，提供證明材料；

③證明材料由人力資源檔案部門有關主管審閱，加蓋公章，然後登記、發出。

第五節　員工出差管理方案

一、出差管理流程

出差管理流程說明：

控制一

①出差員工事先填寫公司員工出差單，認真、詳細地寫明每項內容

②出差員工所在部門負責人在員工出差單上簽字

③行政部檢查員工出差單的內容是否完整，如有漏項，返回出差人員重新填寫

④行政部為出差員工辦理出差手續，財務部備案

控制二

①員工出差過程中應嚴格遵守公司員工出差管理制度，控制各種費用的花銷

②員工出差完畢，及時整理各種費用的發票

③出差員工所在部門負責人審核發票是否超過公司規定標準。若員工出差費用超過公司規定的標準，則需要公司高層相關負責人審批；如果員工出差未超過公司規定標準，則由出差員工所在部門負責人簽字

④財務部檢查核對員工出差費用是否超過公司規定標準

控制三

①經核對無誤後，財務部向出差人員報銷有關出差費用

②出差人員在報銷單上簽字確認，收取報銷款

控制四

①出差員工完成出差任務，回到公司後，及時填寫公司員工出差報告書

②出差員工所在部門負責人在出差報告書上簽字

③行政部檢查出差報告書是否填寫完整，如有漏項，返回出差人員重新填寫

控制五

行政部為出差人員辦理有關手續，如考勤管理等

心得欄 ------------------------------

圖 7-5-1　出差管理流程

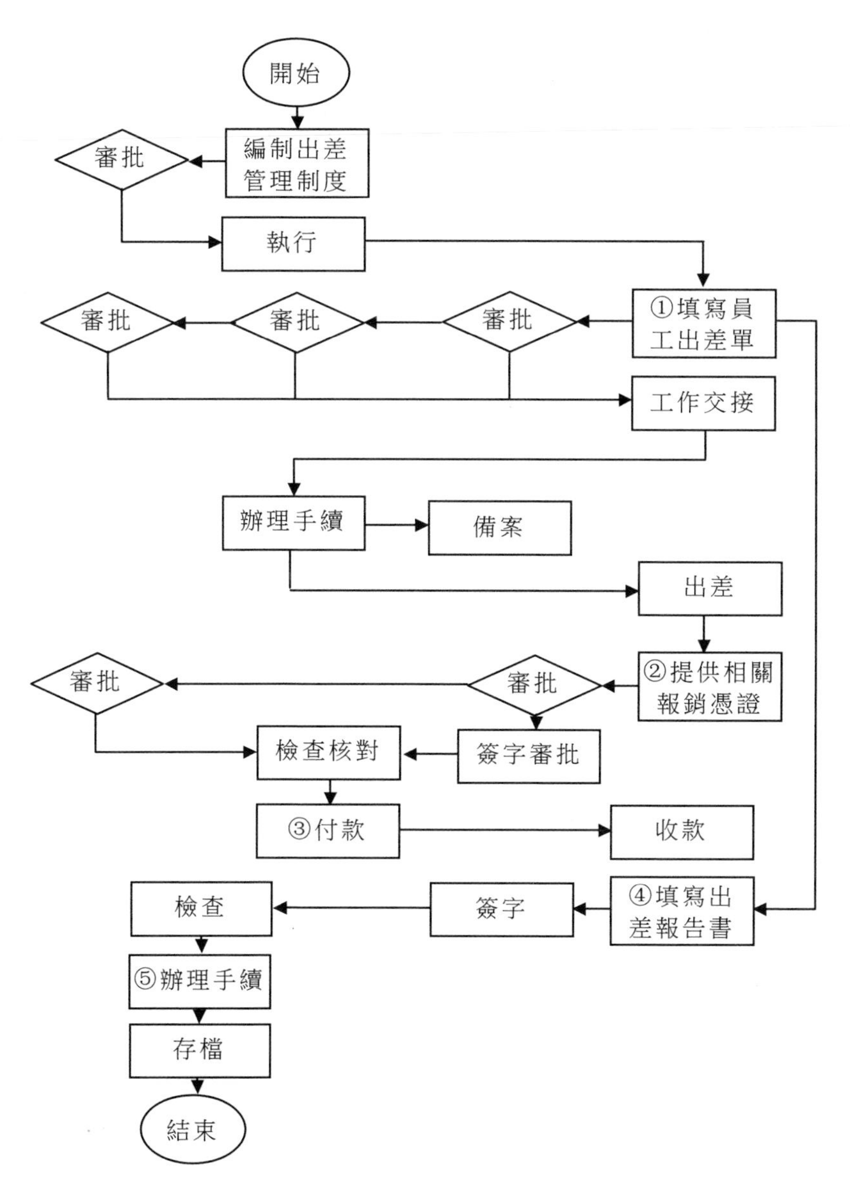
開始
編制出差管理制度
審批
執行
①填寫員工出差單
審批
審批
審批
工作交接
辦理手續
備案
出差
②提供相關報銷憑證
審批
審批
簽字審批
檢查核對
③付款
收款
④填寫出差報告書
簽字
檢查
⑤辦理手續
存檔
結束

二、員工出差管理方案

圖 7-5-2　員工出差管理流程

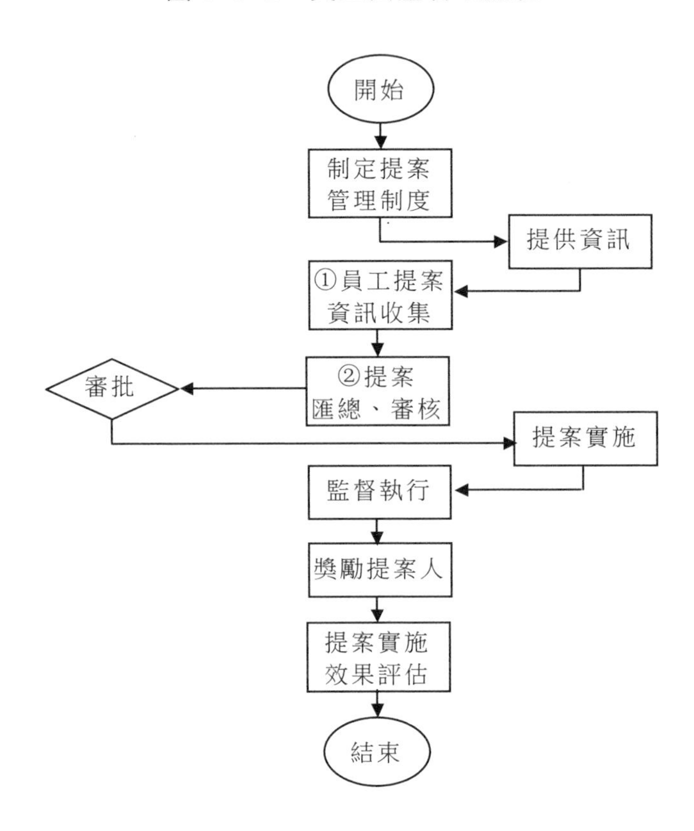

1. 出差管理

⑴職工因公到外地出差，無論使用何種經費都必須辦理批准手續，非經允許不得辦理差旅費用的報銷。

⑵出差者回公司後，應於 3 日內填寫差旅費用報銷單，經部門經理審核，提交財務部，差旅費的報銷期限為返回後 15 天內。

2.員工出差種類

出差分為「近距離外出」、「當日出差」(當日回來)和「住宿出差」三類。具體說明見下表。

表 7-5-1　員工出差種類說明

出差類別	說明
近距離外出	近距離外出，是指利用交通工具，以公司總部為中心，半徑為 XX 千米範圍內的外出。外出範圍由總務主管與總經理協商決定。在必要時，近距離外出可變更為當日出差，或作住宿出差處理
當日出差	當日出差，是指從公司出發後，當日可返回的出差。當日出差的地域範圍由總務主管與總經理協商決定。但它不得與前條所述的地域重覆。地理偏僻或交通不便地區，可按住宿出差處理
住宿出差	住宿出差，是指出差到較遠的地方，通常需要住宿。因出差內容和需要時間的差別，有些住宿出差也可以作為近距離外出或當日出差處理。按邊境，住宿出差又可分為內地出差、港澳台及國外出差

3.出差費用報銷

⑴差旅費的內容

①火車、輪船、飛機票及其他交通費用

②出差補貼

③住宿費

④通信費

⑤其他伴隨出差發生的正當費用

⑵費用報銷的標準

表 7-5-2　公司費用報銷標準一覽表

人員 報銷費用類別	高層領導及高級技術人員	其他人員
交通工具	飛機、軟臥	硬臥(12 小時以內) 軟臥(超出 12 小時) 若因工作需要確實需要乘坐飛機者，需事先報領導審批
住宿	實報	
補貼(伙食、飲料及其他雜費)	實報	

⑶特別差旅費處理

①出席招待會、客戶接待出差、投宿於公司駐外機構時，不支付住宿費。

②來往於公司總部和各分公司之間的出差，原則上必須利用公司的住宿設施。

③投宿於親友家時，支付 60%的住宿費。

④在同一地區連續停留超過 5 日時，視為長期滯留出差。

⑤出差目的與內容跟一般出差有區別的，為特殊業務出差，如參加研討會、招待客戶、隨客戶出差、到本公司分公司赴任等。

⑥特殊業務出差的出差費支付標準如下。

出席研討會時，支付火車、船舶、飛機票費、住宿費及其他必要的費用，原則上實行實報實銷。

因招待客戶出差時，支付預算範圍內的接待費(包括火車、船舶、飛機票費，住宿費，其他雜費和相當於 30%的補貼)，原則上實行實報實銷。

異地赴任則按另行規定處理。

4.其他補充說明

⑴一般人員隨同高一級領導一同出差，可按高一級領導同等待遇予以報銷。

⑵當與交易客戶、相關公司人員或公司管理人員隨行，或因不得已的理由，出差費超出規定時，經隨行管理人員或公司財務主管批准後，按實際費用報銷。

⑶駕駛或搭乘公司車輛出差時，不支付交通費。

⑷出差路線一般應選擇最短的且最方便的線路。出差人員應儘量減少出差所用時間。由於自然災害或其他不可抗力原因，使出差人不得不改乘超標的交通工具，需改變路線時，需由本人向部門經理說明情況，按實際旅費支付。

⑸出差過程中，利用計程車僅限於有交易客戶同行、緊急情況、有可能耽誤出發時間或攜帶物品過重、下雨天訪問客戶等情況，這時按實額支付出租費，但必須在差旅費報銷單中說明理由，並經隨行管理人員或主管批准。

⑹出差過程中，如遇出差人公休日，應以公務為重，繼續執行出差任務。但是，如遇出差單位公休日，無法開展工作時，可安排休息。為避免這種情況出現，出差前，應事先與有關單位聯繫。出差歸來後，可補足休息日。

⑺出差過程中，因生病、交通中斷或其他意外情況超過預定期限停留時，在查清事實基礎上，可按長期滯留費標準，支付費用。

⑻在出差過程中，如需向客戶提供禮金(用於慶賀、弔唁、探望等)，或贈送土特產時，其金額應限在 XX 元以內，超出此金額須經上級主管批准。

⑼在出差地招待客戶，原則上應事先在《出差計劃表》中提出具體預算，並經上級主管批准。其金額一般限定在 XX 元之內，部門主管以上限定在 XX 元以內。

⑽關於私事繞道的報銷規定，趁出差或調動工作之便，事先經公司批准就近回家省親、辦事，所發生的車船票，一律按直線距離報銷，多開支的部份由個人自理，不發放繞道和在家期間的一切補助費。

心得欄

第 8 章

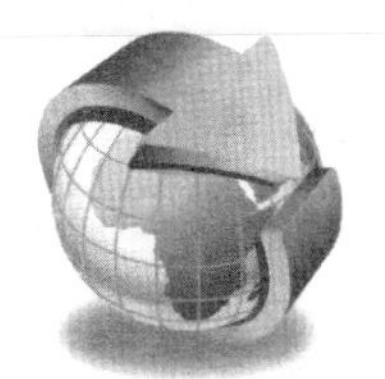

行政部的安全保密管理

第一節　安全保密的工作崗位職責

一、安全主管的工作崗位職責

安全主管主要負責公司的治安、消防、人員出入、資訊保密、資訊系統安全等工作事項，其具體職責如下所示。

· 安排值班，保障公司財產物資安全

· 進行人員出入管理，保障員工安全

· 進行資訊保密管理，防止公司重要資訊洩露

· 進行公司資訊系統維護和管理，保證資源內部共用和安全

· 進行公司治安制度設計，保障公司內部安全

· 進行消防管理，避免重大火災事故發生

二、安全專員的工作崗位職責

安全專員主要是協助安全主管抓好公司的員工安全、資訊安全、資訊保密等事項的具體執行，其具體職責如下所示。

· 具體安排公司值班人員和年度值班排班計劃
· 制定人員出入管理規定，保障員工工作時間內的人身安全
· 對公司的重要資訊進行專門管理
· 維護公司資訊系統，保證公司資訊安全
· 處理公司內部的治安事件
· 隨時進行消防檢查，保障消防安全

第二節　員工值班管理制度

第1章　值班事項與時間

第1條：值班事項

為了處理公司在節假日及工作時間外應辦的一些事務，除由主管人員在各自職守內負責外，公司另外安排員工值班處理如下事項：

(1)突發事件；

(2)管理、監督保安人員及值勤員工；

(3)預防突發事件、火災、盜竊及其他危機事項；

(4)治安安全管理；

(5)公司隨時交辦的其他事宜。

第2條：值班時間

(1)自星期一至星期六每日下午下班時起至次日上午上班時止。

(2)節假日實行輪班制，日班上午 8：00 起至下午 17：00 止；夜班下午 17：00 起至次日上午 8：00 止(可根據公司辦公時間的調整而變更)。

第 3 條：員工值班時間安排表由各部門編排，於月底公佈並通知值班員工按時值班，同時把值班員工的姓名寫在值日牌上，以便提醒。

第 2 章　值班室管理及紀律

第 4 條：值班室是保障公司安全的重要視窗，其運作狀態直接影響公司的安全和工作秩序。值班員工應堅守工作崗位，不得擅離職守，不做與值班無關的事項。

第 5 條：維護好室內秩序，做到整潔衛生。禁止在工作時間內大聲喧嘩。無關人員不得隨便進入值班室。

第 6 條：值班室遇有特殊情況需換班或代班者，必須經值班主管同意，否則責任自負。

第 7 條：值班室按規定時間交接班，不得遲到、早退，並在交班前寫好值班記錄，以便分清責任。

第 8 條：值班員工應按規定時間在指定場所連續執行任務，不得中途停歇或隨意外出，並須在本公司指定的地方食宿。

第 9 條：值班員工在值班時間內擅離職守應給予處分，造成重大損失者，應從重論處。值班員工因病和其他原因不能值班的，應提前請假或請其他員工代理並呈准，出差時亦同。代理者應負一切責任。

第 3 章　值班事項處理

第 10 條：值班員工遇有事情發生可先行處理，事後再報告。如遇其職權不能處理的，應立即通報並請示主管辦理。

第 11 條：值班人員如遇有重大、緊急和超出職責範圍內的業務應及時地向上級業務指揮部門和公司彙報和請示，以便及時處理和在第一時間通知相關負責人。

第 12 條：值班人員應將值班時所處理的事項填寫報告表，於交班後送主管檢查。

第 13 條：值班員工收到信件應分別按下列方式處理。

(1)屬於職權範圍內的可即時處理。

(2)非職權所及，視其性質應立即聯繫有關部門負責人處理。

(3)密件或限時信件應立即原封保管，於上班時呈送有關領導。

第 4 章　值班費用和獎勵規定

第 14 條：值班人員可領取津貼。其具體數額按照公司的《公司值班人員津貼費用規定》領取和發放。

第 15 條：值班員工遇緊急事件處理得當，視其情節給予嘉獎。嘉獎分為兩種：書面表揚和物質獎勵。獎勵辦法參見《公司值班人員津貼費用規定》。

第 16 條：本制度自發佈之日起開始執行，每年修訂 1 次。

心得欄 ------------------------------------

第三節　公司保密管理規定

第 1 章　總則

第 1 條　根據相關規定，結合《知識產權管理規定》及具體情況，為保障公司整體利益和長遠利益，使公司長期、穩定、高效地發展，適應激烈的市場競爭，特制定本制度。

第 2 條　適用範圍。

1. 本制度適用於公司所有員工。

2. 公司所有人員，包括技術開發人員、銷售人員、行政管理人員、生產和後勤服務人員等(以下簡稱「工作人員」)，都有保守公司商業秘密的義務。

第 2 章　公司秘密的範圍

第 3 條　公司秘密是指不為公眾所知曉、能為公司帶來利益、具有實用性且由公司採取保密措施的技術信息和經營信息。

1. 本制度所稱的不為公眾所知曉，是指該信息不能從公開管道直接獲取。

2. 本制度所稱的能為公司帶來利益、具有實用性，是指該信息具有確定的可應用性，能為公司帶來現實的或者潛在的利益或者競爭優勢。

3. 本制度所稱的公司採取保密措施，包括訂立保密協議、建立保密制度及採取其他合理的保密措施。

4. 本制度所稱的技術信息和經營信息，包括內部文件，如設計、程序、產品配方、製作技術、製作方法、管理訣竅、客戶名單、貨源情報、產銷策略、招投標中的標底及標書內容等。

第 4 條　公司秘密包括但不限於以下事項。

1. 公司生產經營、發展戰略中的秘密事項。

2. 公司就經營管理做出的重大決策中的秘密事項。

3. 公司生產、科研、科技交流中的秘密事項。

4. 公司對外活動的秘密事項以及對外承擔保密義務的事項。

5. 維護公司安全和追查侵犯公司利益的犯罪秘密事項。

6. 客戶及其網路的有關資料。

7. 其他公司秘密事項。

第 3 章　密級分類

第 5 條　公司秘密分為三類：絕密、機密和秘密。

第 6 條　絕密是指與公司生存、生產、科研、經營、人事有重大利益關係，一旦洩露會使公司的安全和利益遭受特別嚴重損害的事項，主要包括以下內容。

1. 公司股份構成，投資情況，新產品、新技術、新設備的開發研製資料，各種產品配方，產品圖紙和模具圖紙。

2. 公司總體發展規劃、經營戰略、行銷策略、商務談判內容及載體，正式合約和協議文書。

3. 按《公司檔案法》規定屬於絕密級別的各種檔案。

4. 公司重要會議紀要。

第 7 條　機密是指與本公司的生存、生產、科研、經營、人事有重要利益關係，一旦洩露會使公司安全和利益遭受嚴重損害的事項，主要包括以下內容。

1. 尚未確定的公司重要人事調整及安排情況，人力資源部對管理人員的考評材料。

2. 公司與外部高層人士、科研人員的來往情況及其載體。

3. 公司薪金制度，財務專用印簽、帳號，保險櫃密碼，月、季、年度財務預、決算報告及各類財務、統計報表，電腦開啟密碼，重要磁片、磁帶的內容及其存放位置。

4. 公司大事記。

5. 產品的製造技術、控制標準、原材料標準、成品及半成品檢測報告、進口設備儀器圖紙和相關資料。

6. 按《檔案法》規定屬於機密級別的各種檔案。

7. 獲得競爭對手情況的方法、管道及公司相應對策。

8. 外事活動中內部掌握的原則和政策。

9. 公司總監(助理級別)以上管理人員的家庭住址及外出活動去向。

第 8 條　秘密是指與本公司生存、生產、經營、科研、人事有較大利益關係，一旦洩露會使公司的安全和利益遭受損害的事項，主要包括以下內容。

1. 消費層次調查情況，市場潛力調查預測情況，未來新產品的市場預測情況及其載體。

2. 廣告企劃、行銷企劃方案。

3. 總經理辦公室、財務部、商務部等有關部門所調查的違法違紀事件及責任人情況和載體。

4. 生產、技術、財務部門的安全保衛情況。

5. 各類設備圖紙、說明書、基建圖紙、各類儀器資料、各類技術通知及文件等。

6. 按《檔案法》規定屬於秘密級別的各種檔案。

7. 各種檢查表格和檢查結果。

第 4 章　保密措施

第 9 條　各密級知曉範圍如下。

1. 絕密級：董事會成員、總經理、監事會成員及與絕密內容有直接關係的工作人員。

2. 機密級：總監(助理)級別以上管理人員以及與機密內容有直接關係的工作人員。

3. 秘密級：部門經理級別以上管理人員以及與秘密內容有直接關係的工作人員。

第 10 條　公司員工必須具有保密意識，做到不該問的絕對不問，不該說的絕對不說，不該看的絕對不看。

第 11 條　總經理負責保密的全面工作，各部門負責人為本部門的保密工作負責人，各部門及下屬單位必須設立兼職保密員。

第 12 條　如果在對外交往與合作中需要提供公司秘密，應先由總經理批准。

第 13 條　嚴禁在公共場合、公用電話、傳真上交談、傳遞保密事項，不准在私人交往中洩露公司秘密。

第 14 條　公司員工發現公司秘密已經洩露或可能洩露時，應立即採取補救措施並及時報告總經理辦公室，總經理辦公室應立即做出相應處理。

第 15 條　董事長、監事會主席、總經理、總監(助理)辦公室及各機要部門必須安裝防盜門窗、嚴格保管鑰匙，非本部人員得到獲准後方可進入，離開時要落鎖，清潔衛生要有專人負責或者在專人監督下進行。

第 16 條　備有電腦、影印機、傳真機的部門都要依據本制度制定本部門的保密細則，並嚴格執行。

第 17 條　文檔人員、保密人員出現工作變動時應及時辦理交接手續，交由主管簽字。

第 18 條　司機對主管在車內的談話要嚴格保密。

第5章　保密環節

第19條　文件列印。

1. 文件由原稿提供單位主管簽字，簽字主管對文件內容負責，文件內不得出現對公司不利或不該宣傳的內容，同時確定文件編號、保密級別、發放範圍和列印份數。

2. 列印部門要做好登記，列印、校對人員的姓名應反映在發文單中，保密文件應由總經理辦公室負責列印。

3. 列印完畢，所有文件廢稿應全部銷毀，電腦存檔應消除或加密保存。

第20條　文件發送和E-mail使用。

1. 文件列印完畢，由專門人員負責轉交發文部門，並作登記，不得轉交無關人員。

2. 發文部門下發文件時應認真做好發文記錄。

3. 保密文件應由發文部門負責人或其指定人員簽收，不得交給其他人員。

4. 對於剩餘文件應妥善保管，不得遺失。

5. 發送保密文件時應由專人負責，嚴禁讓試用期員工發送保密文件。

6. 公司禁止員工在工作期間發送個人E-mail。

7. 員工在上班期間，用公司的個人郵箱傳遞信息。

第21條　文件複印。

1. 原則上保密文件不得複印，如遇特殊情況需由總經理批准方可執行。

2. 文件複印應做好登記。

3. 影本只能交給部門主管或其指定人員。

4. 一般文件複印應有部門負責人簽字，註明複印份數。

5. 複印廢件應即時銷毀。

第 22 條　文件借閱。

借閱保密文件時必須經借閱方和提供方主管簽字批准，提供方負責做到專項登記，借閱人員不得摘抄、複印或向無關人員透露，確需摘抄、複印時，要經提供方主管簽字並註明。

第 23 條　傳真件。

1. 傳遞保密文件時，不得透過公用傳真機。

2. 收發傳真件時應做好登記。

3. 保密傳真件的收件人只能為部門主管負責人或其指定人員。

第 24 條　錄音、錄影。

1. 錄音、錄影應由指定部門整理並確定保密級別。

2. 保密錄音、錄影材料由總經理辦公室負責存檔管理。

第 25 條　檔案。

1. 檔案室為材料保管重地，無關人員一律不准出入。

2. 借閱文件時應填寫「申請借閱單」，並由主管簽字。

3. 秘密文件僅限下發範圍內人員借閱，如遇特殊情況需由總經理辦公室批准借閱。

4. 秘密文件的保管應與普通文件區別開，按等級、期限加強保護。

5. 檔案銷毀應經鑑定小組批准後指定專人監銷，要保證兩人以上參加，並做好登記。

6. 不得將檔案材料借給無關人員查閱。

7. 秘密檔案不得複印、摘抄，如遇特殊情況需由總經理批准後方可執行。

第 26 條　客人活動範圍。

1. 保安部應加強保密意識，無關人員不得在機要部門出入。

2. 客人到公司參觀、辦事，必須遵循有關出入廠管理規定，無關人員不得進入公司。

3. 客人到公司參觀時，不得接觸公司文件、貨物和行銷材料等保密件。

第 27 條　保密部門管理。

1. 與保密材料相關的部門均為保密部門，如董事長、監事會主席、總監(助理)辦公室，傳真室，收發室，檔案室，文印室，技術室，研發室，實驗室，配料室，化驗室以及財務部，人力資源部等。

2. 各部門需指定兼職保密員，加強保密工作。

3. 保密部門應對出入人員進行控制，無關人員不得進入並停留。

4. 保密部門的對外材料交流應由保密員操作。

5. 保密部門應根據實際工作情況制定保密細則，做好保密材料的保管、登記和使用記錄工作。

第 28 條　會議。

1. 所有重要會議均由總經理辦公室協助相關部門做好保密工作。

2. 應嚴格控制參會人員，無關人員不應參加。

3. 會務組應認真做好到會人員簽到及材料發放登記工作。

4. 保衛人員應認真鑑別到會人員，無關人員不得入內。

5. 會議錄音、攝像人員由總經理辦公室指定。

第 29 條　保密協定與競業限制協定。

1. 公司要按照有關法律規定，與相關工作人員簽訂保密協定和競業限制協定。

2. 保密協定與競業限制協定一經雙方當事人簽字蓋章，即發生法律效力，任何一方違反協議，另一方都可以依法向仲裁機構申請仲裁或向法院提起訴訟。

第 30 條　員工離職保密措施。

1. 員工離開公司時，必須將有關本公司技術信息和經營信息的全部資料(如試驗報告、數據手稿、圖紙、軟碟和調測說明等)交回公司。

2. 員工離開公司時，公司需要以書面或者口頭形式向該員工重申保密義務和競業限制義務，並可以向其新任職的單位通報該員工在原單位所承擔的保密義務和競業限制義務。

3. 員工離開公司後，利用在公司掌握或接觸的由公司所擁有的商業秘密，並在此基礎上做出新的技術成果或技術創新，有權就新的技術成果或技術創新予以實施或者使用，但在實施或者使用時利用了公司所擁有的且本人負有保密義務的商業秘密時，應當徵得公司的同意，並支付一定的使用費。

4. 未徵得公司同意或者無證據證明有關技術內容為自行開發的新的技術成果或技術創新的，有關人員和用人單位應當承擔相應的法律責任。

第 6 章　違紀處理

第 31 條　公司對違反本制度的員工，可視情節輕重，分別給予教育、處罰和紀律處分。情節特別嚴重的，公司將依法追究其刑事責任。對於洩露公司秘密，尚未造成嚴重後果者，公司將給予警告處分，處以______元至______元的罰款。

第 32 條　利用職權強制他人違反本制度者，公司將給予開除處理，並處以______元以上的罰款。

第 33 條　洩露公司秘密造成嚴重後果者，公司將給予開除處理，並處以______元以上的罰款，必要時依法追究其法律責任。

第四節　安全管理制度

一、出入管理制度

第1章　目的及適用範圍

第1條：目的

為維護公司人身、財產安全和生產的有序進行，特制定本制度。

第2條：適用範圍

凡人員、車輛、物品出入本公司均需遵守本制度之規定。保安人員有責任與權力按本制度執行和處理。

第2章　人員出入

第3條：本公司員工

(1)出入辦公區或廠區均應著工作裝，佩掛胸章。

(2)因公需經常出入本公司的人員，經經理核准頒發特製胸章，憑此自由出入公司辦公區或廠區。上述人員如因工作變動不再符合「自由出入辦公區」條件時，應立即辦理註銷手續。行政部門每年年底重新審核自由出入辦公區人員名冊並送公司相關人員進行核簽。

(3)值班人員臨時因公需要出入公司時，應憑「本公司員工出入證」一式三聯，經主管簽字：第一聯存放其所屬部門，第二、三聯交保安室簽註出公司時間，第三聯暫存保安室，第二聯由員工本人攜帶。返廠時，將第二聯交由保安室對照檢查，連同原存第三聯暫存於保安室。於次日上午10：00前將第三聯轉送出公司員工所屬部門主管核查，將第二聯轉送考勤部門核對考勤記錄，如有不符應立即通知其所屬部門主管調查處理，並將調查處理結果報保衛部門備案。

(4)非值班人員臨時因公需要出入公司時，應於保安室填寫「本公司員工出入證」一式三聯，經保安核對簽註出入公司時間後，第一聯留存保安室，第二、三聯由本人攜帶出入公司；事畢經主管核對簽註，交保安室核對，並連同第一聯核對簽註出公司時間，如有不符，應立即通知其所屬部門主管調查處理，結果報保衛部門。第三聯於次日上午 10：00 前由保安轉送所屬部門主管核查。

(5)本公司員工於工作時間請假離出公司時，應按規定辦理請假手續後，打卡出公司。

第 4 條：外來人員

(1)工程承包人及其僱用人員

工程承包人及其僱用人員如因施工需進入公司辦公區或廠區，先由工程承包人填具「出入公司(廠)申請書」一式二份，經工程主辦部門負責人及保安室核對簽註後，一份送事業關係室審核，一份送保安主管部門存查，並憑此換發「工程承包人出入憑證」。如在本公司進行工程的時間在 1 日以內者可免送事業關係室審核。

①入公司。憑身份證明文件及「工程承包人出入憑證」交保安核對無誤後換發「工程承包人出入證」佩掛入公司。因完成工程進度或原有工作人員來到而臨時增加或更換人員，不能事先辦理手續時，應按以下規定辦理。

臨時增加人員，經由保安以電話聯絡工程主辦部門同意，臨上崗人員持被更換者的出入證由保安核對並收取身份證明文件後，發給「工程承包人出入證」佩掛出入，但工程承包人應於當日內補辦所需的一切手續。

②出公司。當日工作完畢出公司時，應交還「工程承包人出入

證」，換回身份證明文件及「工程承包人出入憑證」。午間出公司及工作中出入公司時亦同。

(2)外來公務人員

①廠商、顧客前來洽談業務，保安或服務台人員應先將其安排在會客室，並以電話通知接待部門，接待部門應及時派人員前來。

②洽談業務一般應在公司外或公司內會客室進行，必須入公司辦公區或廠區才能達成接洽目的者，應按下列規定辦理。

- 接待部門同意入公司洽談者。接待部門應開具「車輛/人員出入證」，經部門主管級別以上人員核對簽註後送保安室作為放行依據。
- 臨時需入公司洽談者。經保安或服務台人員以電話聯絡接待部門主管同意後，由保安室或服務台人員代填「車輛/人員出入證」，經保安室負責人核對簽註後入公司。
- 經核對簽註入公司的公務人員應由保安室電話聯絡接待部門，接待部門應派員工直接引導入公司，事畢派員工直接引導出公司。

「車輛/人員出入證」一式三聯，第一聯填單部門留存，第二、三聯經保安室簽註入公司時間後，第三聯暫存保安室，第二聯交外來人員暫存，並以身份證明文件換發胸章佩掛入公司。事畢由接待人員簽章後持出，經保安室檢出原存第三聯，分別簽註出公司時間並收回胸章，發還身份證明文件後出公司，第二聯留保安室留存，第三聯於次日上午10：00前送主辦部門留存。

(3)參觀人員

①政府機關、人民代表、人民團體或本公司人員親友在必要情況下入公司或廠區參觀時，由經辦人或申請人按劃定准許參觀路線（各公司自定路線，行政部門應按不同參觀路線，製作不同顏色胸章

備用)填寫「參觀申請登記表」，經總務部門主管核對簽註後，由總務部門發給色別胸章(貴賓或 5 人以上團體免發)，並派人員(或要求有關部門派人員)引導參觀。入廠時保安室應在「參觀申請登記表」上核對簽註入公司時間，出公司時核對簽註時間並收回胸章，於次日將胸章及「登記表」，送行政部存杳。

②請求參觀劃定准許參觀區域之外的區域，應呈總經理核對簽註。

③有公司部門經理以上人員陪同參觀劃定的准許參觀區域者，事前可免辦申請手續，但應於當日內補填「參觀申請登記表」送保安室核對簽註出入公司時間後，送行政部門留存。

④參觀活動只可在日常上班時間內安排。假日參觀，應專函預約，並經經理核對簽註方予安排。

第 5 條：胸章管理

(1)本公司人員胸章管理

本公司人員具體包括正式員工、定期合約工及臨時員工。

①本公司人員出入公司應佩掛胸章，對未按規定佩掛者，保安應予糾正。入公司時未帶胸章，應在保安室登記借用「臨時出入證」，經保安核對並扣留考勤卡後入公司，待下班時以「臨時出入證」換取考勤卡，方可打卡離開公司。保安於次日上午將「借用臨時出入證登記單」交行政部門留存。年累計借用滿 3 次以後，每次借用即由行政部門警告 1 次。

②非值班人員臨時因公入公司而未佩戴胸章者，應向保安室借用「臨時出入證」，並由保安將該號碼登記於「本公司員工出入證」備註欄後，方可入公司，事畢離開公司時繳回。

③遺失胸章應立即向主管部門申請補發，同時書面說明遺失經過並檢討，並交工本費。年累計補發達 3 次以上者，行政部門應視

情節給予當眾警告。

④使用他人胸章或偽造、塗改胸章者，一經查實，使用者、借予者、偽造塗改者均將被予以免職處分。

(2)胸章遺失處理

①本公司員工使用「臨時出入證」出公司時應將該證歸還保安人員，未歸還者將予以追究。遺失「臨時出入證」者，應按前述丟失處理辦法處理。保衛部門應適時換發新證以消除隱患。私自將「臨時出入證」借予他人使用，或藉故不還者均將被處以免職處分。

②前來洽談業務的廠商、顧客若遺失「公務」胸章，或工程承包人及其僱用人員遺失「工程承包人出入證」，保安人員應責令其以書面說明情況，保證不重犯，並繳納工本費 2 元，方可發還身份證明文件。必要時還應換制，以防他人盜用，如發現借給他人使用者，將取消其申請入公司資格，情節嚴重者追究其法律責任。

二、安全保衛管理制度

第 1 章　目的

第 1 條：為了加強公司的安全保衛工作，保證公司的各項工作正常有序地進行，根據公司對安全保衛工作的要求，結合我公司的實際情況，特制定本(暫行)制度。

第 2 章　適用範圍

第 2 條：在公司轄區範圍內發生的任何違反治安管理的行為，除由國家法規規定的以外，均適用於本規定。保安部對違反治安管理的自然人，堅持教育與外罰相結合的原則。

第 3 章　組織領導

第 3 條：公司總裁為公司安全保衛第一責任人，全面負責公司的安全保衛工作，確定一名副總裁為主管安全保衛工作的責任人。

其主要職責是：貫徹執行有關部門安全保衛工作的方針、政策和法規，部署公司安全保衛工作，組織實施安全保衛責任制，解決和處理公司安全保衛工作中的重大問題。

第 4 條：公司總裁辦是安全保衛工作的職能部門，代表公司負責全公司的安全保衛工作的歸口管理。其主要職責是：貫徹落實有關保衛工作的方針政策和法律、法規，結合實際制定公司安全保衛工作中的各項制度、規定和辦法；對公司所屬各部門、事業部和實體的安全保衛工作進行瞭解、檢查和指導。

第 5 條：根據規定公司各部門、事業部和實體總經理(或主持工作的副總經理)為本部門、事業部和實體安全保衛第一責任人，分管安全工作的領導為主管責任人。

其主要職責是：貫徹執行有關安全保衛工作的方針、法律、法規以及集團、公司有關安全保衛工作的規定和要求，把安全保衛納入總體工作安排之中，與研發、生產、經營和銷售工作同部署、同檢查、同總結；結合本部門、事業部和實體實際設立專職、兼職保衛幹部或安全管理員，制定安全保衛制度和措施。做到領導、組織、責任和措施四落實。

第 6 條：保安部是公司安全保衛管理的主管部門，全面負責公司治安工作，各部門無條件接受保安部門的治安職能檢查，保安部的機構、崗位設置如下圖所示。

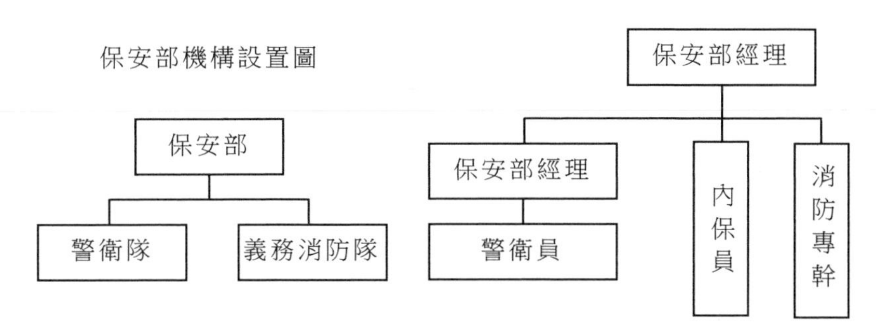

第 4 章　培訓

第 7 條：保安員經過接受各種保安業務知識的培訓後，方可上崗。

第 8 條：保安部要根據每個保安員素質和工作的需要進行不同形式不同層次的培訓。日常培訓原則上按層次管理進行，即保安部門經理負責對主管的培訓，主管負責對領班的培訓，領班負責對保安員的培訓。

第 9 條：保安部每年必須制定員工培訓計劃，報總經理批准、執行。

第 10 條：培訓計劃不能如期執行時，保安部經理要與主管部門及培訓部協商解決。

第 5 章　內部安全保衛條例

第 11 條：內部安全保衛工作，要貫徹「預防為主，確保重點，打擊犯罪，保障安全」的方針，建立健全安全保衛制度，採取人防、物防和技防相結合的防範措施。

第 12 條：實行封閉管理。各部門、事業部和實體，有條件的一律實行工作區封閉式管理。外來客人要堅持訪客登記制度，對調離人員要及時收回門禁卡和房門鑰匙。

第 13 條：對現金、票證的安全管理

(1)財務部門存放現金，一般不應超過銀行核定的金額，因特殊原因存有較高額現金過夜時，必須經本部門批准，並採取相應的安全措施。

(2)送取數額較大的現金，必須兩人同行或派保衛人員隨行，並派車接送。

(3)加強對支票、增值稅發票和其他有價票證的管理，堅持簽發、檢驗覆核制度，分級把關，堵塞漏洞，防治被盜受騙。

(4)財務部出納報銷室的門、窗要進行加固，要安裝防盜門、防盜窗、防撬鎖，存放現金必須用保險櫃，保險櫃的鑰匙要指定專人負責。

第 14 條：對貴重儀器、設備和技術資料的安全管理

(1)貴重儀器、設備，如：投影儀、攝像機、照相機、通信器材等，要在有防護設施的庫房或保險櫃裏存放，並指定專人管理。嚴格借領手續，確保設備器材的完好安全。

(2)對有關公司科研、生產技術方面的資料、光碟、軟碟要分密級進行保管、保存。機密資料用完之後，要及時放入保險櫃保存，對該歸檔的文件資料，要按要求及時交單位檔案管理部門歸檔。

(3)對於接觸保密、機密文件、技術資料的員工，在調離時，要嚴格執行文件、資料交接制度，已保證公司機密和技術秘密的安全性。

第 15 條：對機動車輛的管理，要堅持「誰使用、誰負責，誰開車、誰負責」的原則，價值較高的車輛要安裝防盜裝置，存放在指定車庫裏。未經領導批准和在特殊情況下，嚴禁將公車開回家，違者造成車輛丟失或損壞的，要追究當事人和主管負責人的行政和責任。

第 6 章　日常安全管理

第 16 條：每天下班、節假日應關好門窗、電燈、開關、水龍頭或其他用電、用水設施。

第 17 條：每日下班後，各部門、事業部和安全員，要認真、仔細地檢查每一道門窗是否關好、鎖好，電源是否關閉，辦公室的印章、票款、貴重物品、重要文件的存放是否安全可靠。

部門領導或安全員不在時，最後一個離開辦公區域的員工，有責任履行以上職責，如不進行檢查，一旦出現問題，除追究本部門領導責任外，還要追究當事人的責任。

第 18 條：上班時間外出應及時鎖好抽屜、櫥櫃，鑰匙隨身攜帶，最後離開者關窗鎖門。下班和午休時間文件、現金妥善存放。

第 19 條：辦公室內不准存放私人貴重物品以及現金、有價證券。員工必須加強自我防範意識，防止意外情況發生。

第 20 條：定期檢查各種電器設備、消防器材、設施、煙霧報警系統是否完好和靈敏。

第 21 條：未經許可，不得擅自安排公司或外來人員在公司內住宿。

第 7 章　治安管理

第 22 條：對打架鬥毆、酗酒鬧事人員，保安員要及時勸阻，必要時要採取強制手段，同時報告保安部經理。

第 23 條：各部門、各崗位的工作人員每天要對所負責的區域進行檢查巡視，發現不安全因素及時處理和報告。

第 24 條：保安部組織專門人員，每月對全公司各部門進行一次全面安全檢查。

第 25 條：保安部經理及主管對各部門各崗位的安全情況，隨時可進行監督檢查，各部門領導應予以支持和合作。

第 26 條：公安機關、消防監督機關來公司進行安全檢查時，各部門要如實彙報情況予以協作。

第 27 條：每次安全檢查情況，保安部要認真記錄登記、建立安全檢查檔案，對經檢查發現的不安全隱患要及時通知有關部門或由保安部發出隱患通知書，限期整改。

第 28 條：各部門對存大的不安全隱患，要按要求的期限認真整改，一時解決不了時，要及時報告總經理並抄報保安部，同時必須採取臨時安全措施，保證安全。

第 8 章　獎勵與處罰

第 29 條：凡違反公司安全管理制度的個人和部門負責人都應受到處罰，普通員工記違紀過失，部門負責人記責任過失。

第 30 條：違紀過失處罰，包括警告、記過、記大過、辭退、開除等處分，可以並處罰金。

第 31 條：責任過失處罰，包括警告、降職、降級、記過、記大過、辭退、開除等處分，可以並處罰金。

第 32 條：違紀過失或責任過失造成較大損失、觸犯刑律時應移交司法機關處理，經司法機關審理判處有期徒刑的，公司應予以開除。

第 33 條：違反本制度有關條款，情節輕微、影響較小者，給予責任人警告或記過處罰，可以並處罰金，罰金最高額為 300 元。

第 34 條：違反本制度有關條款情節較嚴重、影響較大者給予責任人記過、記大過處分可以並處罰金。罰金最高額為 1000 元。

第 35 條：違反本制度有關條款，情節嚴重、影響重大者給予責任人記大過或開除處理，責任人直接上級承擔責任。

第 36 條：管理人員違反本制度有關條款，情節較嚴重的可以降職、降級，受到降職降級處分的員工不再處以罰金。

第 37 條：總監以上的高級管理人員和高級職員違反本制度有關條款的處罰由董事會參照本制度執行。

第 38 條：如獲得以下稱號，公司將給予相應的表彰和獎勵：參加所在地區社會治安綜合治理、治安、防火等項工作總結評比，被評為區級先進集體和個人；參加集團和公司安全保衛工作評比，獲得先進集體和個人稱號的。

第 39 條：公司每年年底對各地區、各部門的安全保衛工作進行考核。對因工作失職、安全保衛制度和措施不落實，而發生火災、刑事案件和重大治安事故，進而對研發、生產、工程、服務等項工作造成重大損失和影響的部門、事業部和實體，公司要追究有關當事人的責任。

三、電梯管理制度

第 1 章　電梯管理

第 1 條：公司電梯管理歸屬公司物業部，物業部對公司的電梯設備進行管理。電梯設備管理主要包括電梯設備的安全管理、運行管理、維修管理。

第 2 條：電梯設備的安全管理主要包括：電梯使用安全教育、安全措施，電梯困人的援救管理等。電梯設備的安全管理好壞直接影響電梯管理人員和電梯司乘人員的安危，所以電梯設備的安全管理居物業管理的首要地位。

第 3 條：電梯的運行管理主要包括：規範電梯的日常管理工作，以保證電梯設備的正常運行。

第 4 條：電梯設備的維修管理是規範電梯的維護保養工作，使電梯各項性能指標達標，消除電梯的故障隱患。以減少運行費用。

第 5 條：為了規範公司電梯管理，物業部特制定此制度。

第 2 章　電梯安全管理

第 6 條：為防止電梯因使用不當造成損壞或引起傷亡事故，必須加強電梯的使用安全管理。電梯使用安全管理主要包括：安全教育、司梯人員的操作安全管理、乘梯人員的安全管理、電梯困人救援的安全管理。

第 7 條：實施安全教育

由電梯管理員負責對電梯機房值班人員、電梯司梯人員和乘梯人員實施安全教育，使他們樹立安全第一，熟知電梯設備的安全操作規程和乘梯安全規則。

第 8 條：電梯司梯人員安全管理操作規程

(1)電梯司梯工未經管理責任者的允許，不得駕駛電梯。

(2)小心謹慎地護理好操作裝置、信號裝置及其他設施。

(3)運行中每一位司梯工都必須佩戴胸卡，表明自己的責任與身份。

(4)在運行中必須打開電梯內的照明燈。

(5)在開始運行前，必須不載乘客試運行一次，並調整好各種裝置與設施。

(6)在離開電梯時，必須關閉電門電源、電燈以及電梯門；如果不能關閉，不得離開電梯。

(7)非電梯司機，一律不准駕駛電梯。

(8)在運行過程中，無論是誰，包括司梯工與工作人員，一律不准談論與工作無關的話題。

(9)嚴格遵守電梯乘栽人數的規定，不得超載運行。如果遇到超載情況，一定要做好耐心說服工作，堅持不超載原則。

(10)嚴格按照電梯上、下固有的程序運行，不得任意變換上下方向，不得忽上忽下。

(11)嚴格區別載客與載貨電梯，尤其是大型或超重物資，禁止使用載客電梯。

(12)載貨電梯必須按規定重量與體積運送，不得超載。

(13)電梯運行中發生故障，立即按停止按鈕和警鈴，並及時要求修理。

(14)遇停電時，電梯未平層禁止乘客打開轎廂門，並及時聯繫外援。

(15)禁止在運行中打開廳門。

第 9 條：加強對乘梯人員的安全管理

制定電梯乘梯人員安全使用乘梯的警示牌，懸掛於乘客經過的顯眼位置。敬告乘梯人員安全使用電梯的常識。乘梯須知應做到言簡意賅，警示牌要顯而易見。

第 3 章　電梯設備的運行巡視監控管理

第 10 條：值班人員定時對電梯設備進行巡視、檢查，發現問題及時處理。電梯機房值班人員每日對電梯進行一次巡視，根據巡視情況填寫《電梯設備巡視記錄》(見下表)。

表 8-4-1 電梯設備巡視記錄表

巡視時間			
電梯編號			
序號	運行監控項目	巡視情況	備註
1	機房溫度、濕度		
2	曳引電動機溫度、潤滑油、緊固情況		
3	減速箱油位、油色、連軸器緊固情況		
4	限速器、機械選層器運行情況		
5	控制櫃的繼電器工作情況		
6	制動器		
7	變壓器、電抗器、電阻器		
8	對講機、警鈴、應急燈		
9	轎廂內照明、風扇		
10	廳外轎內指層燈及指令按鈕		
11	廳門及轎門踏板清潔		
12	開關門有無異常		
13	井道底坑情況		
14	各種標示物及救援工具情況		
15	電梯運行舒適感		
電梯值班員		負責人	

第 11 條：建立巡視監控管理制度

公司工程部的電梯管理員，根據電梯的性能和運行情況制定出電梯巡視管理制度，並監督機房值班人員執行。當巡視中發現不良狀況，機房值班人員應及時採取措施進行調整。如果問題嚴重則及時報告公司工程部主管，協同主管進行解決，整修時應嚴格遵守《電梯維修保養標準》。

第4章　電梯異常情況處理

第12條：當電梯工作中出現異常情況時，司梯人員和乘梯人員都要冷靜，保持清醒的頭腦，以便尋求比較安全的解決方案。

(1)發生火災時

當樓層發生火災時，電梯的機房值班人員應立即設法按動「消防開關」，使電梯進入消防運行狀態。電梯運行到基站後，疏導乘客迅速離開轎廂。電話通知工程部並撥打119電話。

(2)井道或轎廂內失火時

司機應立即停梯並疏導乘客離開，切斷電源後用乾粉滅火器或1211 滅火器滅火。同時，電話通知工程部。若火勢較猛就應撥打119，以便保證人員和財產的安全。

(3)電梯遭到水侵時

電梯的坑道遭水侵，應將電梯停在二層以上，然後斷開電源總開關並立即組織人員堵水源，水源堵住後進行除濕處理，如熱風吹乾。試梯正常後才能投入使用。

第5章　電梯機房管理

第13條：電梯機房值班人員，在公司工程部電梯管理員的領導下工作。電梯管理員負責制定電梯機房的管理制度，機房值班人員嚴格執行電梯機房管理制度。

第14條：非機房工作人員不准進入機房，必須進入時應經過公司工程部經理同意，在機房人員的陪同下進入。

第15條：機房應配足消防器材，免放易燃易爆品；每週打掃一次機房衛生，保持機房清潔；為防止不必要的麻煩。機房要隨時上鎖。

第16條：交接班制度。正常時，按時交接班，並簽署《電梯設備巡視記錄》；當遇到接班人員未到崗時，交班人員不得離崗，應請示工程部電梯管理員尋求解決；電梯發生事故後，未處理完，應由交班人員繼續負責事故的處理，接班人員協助處理。

第 6 章　電梯困人救援的安全管理

第 17 條：凡遇故障，司梯人員應首先通知電梯維修人員和管理人員，如電梯維修人員和管理人員 5 分鐘仍未到場，工程部經過訓練的救援人員可根據不同情況，設法先行釋放被困乘客。

第 18 條：當發生電梯困人事故時，電梯管理員或援救人員通過對講機或喊話與被困人員取得聯繫，務必使其保持鎮靜，靜心等待救援人員的援救。被困人員不可將身體任何部位伸出轎廂外。如果轎廂屬於半開閉狀態，電梯管理員應設法將廂門完全關閉。根據樓層指示燈等來判斷轎廂所在位置，然後設法援救乘客。

第 19 條：如轎廂停於接近電梯口的位置時，管理首先應關閉機房電源開關，用專門外門鎖鑰匙開啟外門，在轎廂頂用人力慢慢開啟轎門，協助乘客離開轎廂後重新關好廳門。

第 20 條：如轎廂遠離電梯口的位置時，管理人員首先要進入機房，關閉該故障電梯的電源開關，然後拆除電機尾軸端蓋，按上旋柄座及旋柄。救援人員用力把住旋柄，另一救援人員，手持制動釋放杆，輕輕撬開制動，注意觀察平層標誌，使轎廂逐步移動至最接近廳門為止。當確認剎車制動無誤時，放開盤車手輪，然後按第 19 條所述的方式救援。

第 21 條：遇到其他複雜的情況時，應請電梯公司幫助救援。援救結束時，電梯管理員填寫援救記錄並存檔。

第 7 章　電梯的維修保養制度

第 22 條：為使電梯安全運行，需要對電梯進行經常性的維護、檢查和修理。電梯管理員和電梯機房值班電工負責電梯發生故障時的緊急維修工作，公司工程部主管負責電梯故障維修的組織監控工作，並負責建立電梯維修管理制度。

第 23 條：電梯管理人員應每月、每季、每年對電梯進行檢修保養，並在檢修完成後，分別填寫《電梯月維修保養記錄》、《電梯季維修保養記錄》和《電梯年度維修保養記錄》（見下表）。

表 8-4-2　電梯月維修保養記錄

維修保養項目			清理	檢查	調查	記錄	不良情況部份記錄及處理結果
機房	1	曳引輪清潔					
	2	限速器及電器接點檢查					
	3	制動閘瓦磨損檢查					
	4	選層器詳查					
	5	控制櫃各機電接點清潔，各接觸器、繼電器電阻					
機身及井道	1	乾電池、蓄電池檢查					
	2	內外門耦合檢查、清掃、注油					
	3	內外吊門輪、限位輪，外門關閉器，路軌檢查清掃					
	4	內外門閘鎖及門聯鎖開關內部及接點清潔					
	5	門聯鎖接線檢查					
	6	接合板裝置					
	7	各種開關接點檢查					
	8	鋼帶清掃、抹油，鋼帶開關檢查					
	9	限速鋼絲抹試					
	10	井底各設備檢查，清掃，抹油					
維修保養人			驗證人				

表 8-4-3 電梯季維修保養記錄

<table>
<tr><th colspan="3">維修保養項目</th><th>清理</th><th>檢查</th><th>調查</th><th>記錄</th><th>不良情況部份記錄及處理結果</th></tr>
<tr><td rowspan="3">機房</td><td>1</td><td>電動機冷卻風扇注油</td><td></td><td></td><td></td><td></td><td></td></tr>
<tr><td>2</td><td>電源總開關</td><td></td><td></td><td></td><td></td><td></td></tr>
<tr><td>3</td><td>控制盤、信號盤清掃，緊引線螺絲</td><td></td><td></td><td></td><td></td><td></td></tr>
<tr><td rowspan="7">機身及井道</td><td>1</td><td>門機各裝置箱內部檢查</td><td></td><td></td><td></td><td></td><td></td></tr>
<tr><td>2</td><td>門電機、電阻箱、接點盒內部檢查</td><td></td><td></td><td></td><td></td><td></td></tr>
<tr><td>3</td><td>門機械牙箱、連杆、鏈條、皮帶檢查</td><td></td><td></td><td></td><td></td><td></td></tr>
<tr><td>4</td><td>加軌裝置與路軌間隙檢查</td><td></td><td></td><td></td><td></td><td></td></tr>
<tr><td>5</td><td>檢查主鋼絲的磨損、清潔、張力平衡</td><td></td><td></td><td></td><td></td><td></td></tr>
<tr><td>6</td><td>轎廂風扇檢查及清潔</td><td></td><td></td><td></td><td></td><td></td></tr>
<tr><td>7</td><td>底坑緩衝器油量檢查清潔</td><td></td><td></td><td></td><td></td><td></td></tr>
<tr><td colspan="2">維修保養人</td><td></td><td colspan="4">驗證人</td><td></td></tr>
</table>

表 8-4-4　電梯年度維修保養記錄

<table>
<tr><th colspan="3">維修保養項目</th><th>清理</th><th>檢查</th><th>調查</th><th>記錄</th><th>不良情況部份記錄及處理結果</th></tr>
<tr><td rowspan="5">機房</td><td>1</td><td>減速箱換油</td><td></td><td></td><td></td><td></td><td></td></tr>
<tr><td>2</td><td>各種潤滑油更換</td><td></td><td></td><td></td><td></td><td></td></tr>
<tr><td>3</td><td>電動機定子、轉子氣隙測量</td><td></td><td></td><td></td><td></td><td></td></tr>
<tr><td>4</td><td>曳引輪槽磨損情況檢查</td><td></td><td></td><td></td><td></td><td></td></tr>
<tr><td>5</td><td>制動器解體大修及線圈電流測定</td><td></td><td></td><td></td><td></td><td></td></tr>
<tr><td rowspan="11">機身及井道</td><td>1</td><td>選層器牙箱換油</td><td></td><td></td><td></td><td></td><td></td></tr>
<tr><td>2</td><td>安全系統及限速器動作試驗</td><td></td><td></td><td></td><td></td><td></td></tr>
<tr><td>3</td><td>安全器及夾軌拆卸、清洗</td><td></td><td></td><td></td><td></td><td></td></tr>
<tr><td>4</td><td>曳引機、行車速度、平衡裝置檢測</td><td></td><td></td><td></td><td></td><td></td></tr>
<tr><td>5</td><td>制動盤各接線螺絲固定</td><td></td><td></td><td></td><td></td><td></td></tr>
<tr><td>6</td><td>門電機牙箱、潤滑油更換</td><td></td><td></td><td></td><td></td><td></td></tr>
<tr><td>7</td><td>中途箱，轎底接線箱螺絲緊固</td><td></td><td></td><td></td><td></td><td></td></tr>
<tr><td>8</td><td>主纜、保險纜加纜油</td><td></td><td></td><td></td><td></td><td></td></tr>
<tr><td>9</td><td>井道內各路軌、各腰刀等牢固</td><td></td><td></td><td></td><td></td><td></td></tr>
<tr><td>10</td><td>井底油壓緩衝器清洗換油，有效動作確定</td><td></td><td></td><td></td><td></td><td></td></tr>
<tr><td>11</td><td>井道內及井底大掃除</td><td></td><td></td><td></td><td></td><td></td></tr>
<tr><td colspan="2">維修保養人</td><td></td><td colspan="4">驗證人</td><td></td></tr>
</table>

四、消防安全管理制度

第 1 章　總則

第 1 條：目的

為加強公司安全消防意識，做好公司安全消防工作，保障公司正常、穩定的工作環境，特制定本制度。

第 2 條：責任人

公司法定代表人為公司安全消防第一責任人，履行下列職責：

(1)制定並落實安全消防責任制和防火、滅火方案，以及火災發生時保護人員疏散等安全措施；

(2)配備安全消防器材，落實定期維護、保養措施，改善防火條件，開展消防安全檢查，及時消除安全隱患；

(3)管理本公司的專職或群眾義務消防隊；

(4)組織對員工進行消防安全教育和防火、滅火訓練；

(5)組織火災自救，保護火災現場，協助火災原因調查。

第 3 條：相關責任人

各部門應確立各自的責任人，劃定各自的防範重點和制定防範對策，並制定相應的消防安全管理制度。

第 2 章　設施、培訓與宣傳教育

第 4 條：設施

(1)公司使用的消防器具和設備，必須是有國家生產許可證和產品品質認證證書的產品。

(2)公司使用的電器設備的品質，必須符合消防安全要求。電器設備的安裝和電氣線路的設計、鋪設，必須符合安全技術規定並定期檢修。

第 5 條：培訓

(1)公司下列人員需接受消防安全培訓

①各部門防火安全第一責任人或分管負責人；

②消防安全管理人員；

③義務消防員；

④消防設備的安裝、操作、維修人員；

⑤易燃易爆品倉庫管理人員。

(2)保安部組織培訓

保安部全體員工均為義務消防員，其他部門按人數比例培訓考核後定為公司義務消防員。義務消防員的培訓工作由保安部具體負責，各部門協助進行。

保安部主管負責擬定培訓計劃，由保安部專案領班協助定期、分批對公司員工進行消防培訓。

(3)培訓內容

①瞭解公司消防要害重點部位：配電房、保安部、煤氣庫、貨倉、機票室、鍋爐房、廚房、財務室等。

②瞭解公司各種消防設施的情況，掌握滅火器的安全使用方法。

③掌握發生火災時撲救工作的知識和技能及自救知識和技能。

④組織觀看實地消防演練，進行現場模擬培訓。

第 6 條：宣傳教育

宣傳教育的內容包括消防規章制度、防火的重要性、防火先進事蹟和案例等。宣傳教育可採取印發消防資料、圖片，組織人員學習，請專人講解，實地類比消防演練等方式進行。

第 3 章　預防

第 7 條：公司內下列場所應當設置疏散指示標誌、緊急照明裝置和必要的消防設施。

(1)易燃易爆危險品的生產房、儲存場地；

(2)原材料及成品倉庫；

(3)車隊、油庫(加油站)、液化氣站、變電站。

第 8 條：禁止在易發生火災的危險場所擅自動用明火。需要使用明火器具應事先提出申請，說明安全措施，經保安部批准後才予以使用。

第 9 條：作業人員應當持證上崗，對電焊、氣割、砂輪切割、煤氣燃燒以及其他具有火災危險作業的，必須依照有關安全要求操作。

第 10 條：禁止在辦公室和宿舍使用自製或外購電爐取暖或做飯。

第 11 條：劃定禁煙區，員工不得在禁煙區吸煙。

第 12 條：公司根據現有消防狀況和財力狀況，合理配置消防器材，不得擅自移動、損壞、挪用，並定期檢查和更換。

第 13 條：防火檢查保安部人員應定期巡視檢查，發現隱患，及時指出並加以處理。各部門人員分級檢查：第一級是班組人員每日自查；第二級是部門主管重點檢查；第三級是部門經理組織人員全面檢查或獨自進行抽查。

第 4 章　火災處理及撲救

第 14 條：公司員工一旦發現有火警，能自己撲滅的，應立刻採取措施，根據火警的性質，就近使用水或滅火器材進行撲救。

第 15 條：火勢較大，在場人員又不懂撲滅方法的，應立刻通知就近其他人員或巡查的保安人員進行撲滅工作。

第 16 條：若火勢發展很快，無法立刻撲滅時，應立刻通知總機接線生，執行火災處理的撲救管理制度。

第 17 條：公司任何人發現火災或其他安全問題都應迅速報警，各部門或員工應為報警無償提供方便，有義務為撲救火災提供幫助。

第 18 條：公司在消防隊到達前應迅速組織力量撲救、減少損失；火災後及時向投保的保險公司報案，並保護好現場及協助查清火災原因。

第 5 章　獎懲和處罰

第 19 條：公司定期或不定期地對公司各部門安全、消防管理工作進行考核，並給予相應的獎勵或處罰。

第 20 條：公司對因撲救火災、消防訓練、制止安全事故、見義勇為而受傷、致殘、死亡的員工，實行其醫療、撫恤費用按照國家有關規定辦理。

第 21 條：對各種安全消防事故的責任人和違反本制度的員工，將從嚴處罰，分別給予罰款、降級乃至辭退，嚴重者送交司法部門追究其法律責任。

第 6 章　附則

本制度由保安部解釋、補充，經總經理辦公會議批准頒行。

第五節　安全保密的管理方案

一、員工出入識別方案

1. 目的和作用

⑴為了加強員工出入公司辦公區或廠區管理，提高公司形象，增進員工之間互相認識和瞭解，公司特製發員工識別證。

⑵員工識別證只作為員工出入公司的識別標誌，不作為其他身份的證明。

2. 員工識別證的製作和使用

⑴員工識別證包括員工的姓名、職位、所屬辦公區和辦公室等資訊。每位員工一個編號，並配有 2 寸照片。員工出入辦公區時，需佩戴識別證，並主動向保安人員報出自己的編號，保安人員會根據電腦數據對員工出入辦公區進行登記管理並核對身份。

⑵未佩戴員工識別證不得出入公司辦公區。

⑶員工識別證不得轉借他人。

⑷員工識別證應該佩戴於左胸前口袋位置。

3. 員工識別證的補辦

⑴員工發生職位變動或車間變動，應及時進行資訊變更。員工需持變動後的部門主管的確認函到保安部電腦中心更改資訊，同時換發員工識別證，但員工的編號保持不變。

⑵員工識別證一旦丟失，應立即補辦，並交工本費 3 元。補辦後的員工編號和原來的編號一致。

4. 員工識別證收回和處罰

⑴員工離職時，必須交回員工識別證，同時進行編號的消除。

⑵如果員工違反上述規定，保安部電腦將做相關的記錄，並根據記錄進行相應的處罰。

二、員工薪酬保密方案

1. 目的

為了保守公司的薪酬秘密，特制定本方案。

2. 適用範圍

本方案適用於公司所有在編員工。

3. 內容

薪酬包括：薪水、補貼、獎金、股票、期權(現金期權、股票期權)等個人收入、收益。

⑴主管級別以上應瞭解其下屬的薪酬，不瞭解的需親自到本單位薪資管理員處查詢或通過郵件方式查詢，不得由他人代轉，不得電話查詢。

⑵主管級別以上負責其下屬的薪水調整、獎金分配，負責對員工的薪酬保密，並監督下屬保密。

⑶有關經辦人員負責對所屬範圍內的員工薪酬保密，具體如下。

①財務中心主管薪水發放人員負責全公司員工的薪酬保密。

②人力資源部主管薪水和獎金審核人員負責全公司員工的薪酬保密。

③各事業部/中心辦薪資管理員和人事助理負責本單位員工的薪酬保密。

④法律部負責公司員工股票(包括股票期權)的保密。

⑤所有接觸薪酬情況的職能部門員工應由部門報事業部領導批准後報人力資源部備案。

⑥其他人員如需瞭解公司員工的薪酬情況，需經人事中心負責人批准，方可到人力資源部查詢。

⑦薪水通知單由薪資管理員或部門領導發給員工本人，員工之間不允許相互打聽，互相傳看，員工需瞭解本人薪酬情況的，應攜帶工作牌到本單位薪資管理員處查詢或通過郵件方式查詢，不得電話查詢。員工負責本人的薪酬保密。

4. 責任與處罰

責任人主動或被動洩露薪酬秘密的，將視其情節輕重處以罰款；向公司外洩密，視給公司造成的損害情況予以處罰。

三、技術保密合約範本

甲方：

乙方：

甲乙雙方根據有關規定，就企業技術秘密保護達成如下協定。

一、保密內容和範圍

1. 乙方在合約期前所持有的科研成果和技術秘密已被甲方應用和生產的。

2. 乙方在合約期內研究發明的科研成果。

3. 甲方已有的科研成果和技術秘密。

4. 甲方所有的技術資料。

二、雙方的權利和義務

1. 甲方為乙方的科研成果提供良好的應用和生產條件，並根據創造的效益給予獎勵。

2. 乙方必須按甲方的要求從事項目的研究與開發，並將研究開發的所有資料交甲方保存。

3. 乙方必須嚴格遵守甲方的保密制度，防止洩露企業的技術秘密。

4. 未經甲方書面同意，乙方不得利用技術秘密進行新的研究與開發。

5. 乙方在雙方解除聘用合約後的 3 年內不得在生產同類產品且有競爭關係的其他企業內任職。

三、協議期限

1. 聘用合約期內。

2. 解除聘用合約後的 3 年內。

四、保密費的數額及支付方式

甲方對乙方的技術成果給予的獎勵，獎金中含保密費，其獎金和保密費的數額，視技術成果的作用和其創造的效益而定。

五、違約責任

1. 乙方違反此協議，甲方有權無條件解除聘用合約，並收回有關待遇。

2. 乙方部份違反此協定，造成一定損失，甲方視情節輕重處以乙方______萬元罰款。

3. 乙方違反此協議，造成甲方重大損失，應賠償甲方所受全部損失。

4. 以上違約責任的執行，超過法律、法規、賦予雙方權限的，申請仲裁機構仲裁或向法院提出上訴。

甲方(蓋章)　　　　　　　　乙方(蓋章)

法定代表人簽名：　　　　　簽名：

年　月　日　　　　　　　　年　月　日

心得欄 ------------------------------

第 9 章

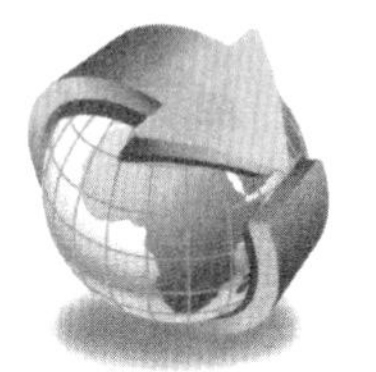

行政部的車輛管理

第一節　車輛管理的工作崗位職責

一、車輛主管崗位職責

車輛主管的主要職責是做好公司車輛的管理和調度工作，以滿足公司領導、各個部門正常的用車需求。其具體職責如下所示。

· 制定公司的車輛使用制度，管理、控制公司的車輛使用成本

· 根據公司的年度預算及車輛使用狀況，編製車輛年度、月份維修保養計劃

· 組織實施車輛維修保養計劃，保證計劃的順利進行

· 受理各部門、公司用車計劃或申請

· 根據每日用車計劃，合理調度車輛，保證公司行政及經營用車

· 全面負責司機的考勤管理及司機值班安排

· 根據公司及人力資源培訓計劃，組織司機的培訓工作
· 每日對車輛進行抽查，每月對各車輛進行一次大檢查，對車輛大修進行驗收
· 負責司機出車的各類台賬登記、匯總、考核，定期向行政部經理彙報工作
· 對車輛各項費用進行初審、登記，每月對費用支付情況綜合分析
· 制定證照年檢計劃，交納相關費用，督促並檢查各類證照的存檔、借閱管理
· 負責安全事故的調查及處理
· 完成行政部經理交辦的其他工作

二、司機的工作崗位職責

行政部司機的主要職責是負責公司車輛的使用、駕駛、清潔、保養和維修工作。其具體職責如下所示。

· 認真執行公司各項規章制度和工作程序，服從上級指揮和有關人員的監督檢查
· 認真參加交通法規學習和業務培訓活動，提高安全意識和業務技能
· 安全行車，並做好行車記錄
· 保持車輛內外的衛生整潔，經常進行車輛保養，保持車輛的良好運行狀態
· 按規定到指定地點維修，並提供詳盡、有效的費用明細
· 協助辦理停車場、牌照、年檢、保險理賠等事項
· 協助車載物品的搬運和送貨

· 負責公司車輛的管理與存放

· 完成車輛主管交給的其他任務

第二節　車輛管理制度

一、公司車輛管理制度

第 1 章　總則

第 1 條：為了統一管理公司的所有車輛，有效使用各種車輛，確保行車安全，提高辦事效率，減少經費支出，特制定本制度。

第 2 條：本制度所說的車輛是指公司的客用、貨用及公務用車輛。所有車輛由行政部統一負責管理，按車號登記管理。

第 2 章　車輛管理

第 3 條：公司公務車的證照及稽核等事務統由行政部負責管理，營業用車輛由行政總監指派專人調派，並負責維修、檢驗、清潔等。

第 4 條：車輛的保險、養路、驗車、牌照、停車場等手續，由行政部指定相關人員辦理，所需費用按財務預算分別報銷。

第 5 條：本公司人員因公用車須於事前向車管專人申請調派；車管專人依重要性順序派車。不按規定辦理申請，不得派車。

第 6 條：每車應設置車輛行駛記錄表，使用前應核對車輛里程表與記錄表上前一次用車記錄是否相符，使用後應記載行駛里程、時間、地點、用途等。

第 7 條：行政部每月抽查一次，如發現記載不實、不全或未記載的情況，應通報車輛主管並對相關責任人提出批評，對不聽勸告、屢教屢犯者應給以處分，並停止其使用資格。

第 8 條：每車設置車輛使用記錄表，由相關人員於每次加油及修護保養時進行記錄，以瞭解車輛受控狀況。每月月末連同「車輛行駛記錄表」一併交由財務部稽核。

第 3 章　車輛使用

第 9 條：車輛使用範圍：

(1)公司員工在本地或短途外出開會、聯繫業務、接送；

(2)接送公司賓客和來公司辦事人員；

(3)離退休中高層人員健康用車或員工因私用車；

(4)定期開車；

(5)其他緊急和特殊情況用車。

第 10 條：車輛使用程序：

(1)車輛使用實主派車制度。用車須填寫用車記錄單，經部門經理、分管副總或行政部經理批准後，由車輛主管統一安排方可使用。

(2)司機按派車單上報批准的行車路線和目的地行車。

(3)用車完畢，司機填寫用車實際情況記錄。

第 11 條：在不影響公務情況下，酌情滿足員工因私用車要求，但因私用車應嚴格審批。

第 12 條：對同一方向、同一時間段的派車要求儘量合用，減少派車次數和車輛使用成本。

第 13 條：車輛駕駛人員必須具有駕照，熟悉並嚴格遵守交通法規。

第 14 條：駕駛人員於駕駛車輛前，應對車輛做基本檢查(如水箱、油量、機油、剎車油、電瓶液、輪胎、外觀等)。如發現故障、配件失竊或損壞等現象，應立即報告，隱瞞不報而由此引發的後果由當期使用人負責。

第 15 條：駕駛人員不得擅自將公務用車開回家，或作私用，違者受罰。經公司特許或返回公司已超過晚上 21：00 的情況例外。

第 16 條：車輛應停放於指定位置、停車場或適當的合法位置。任意放置車輛導致違犯交規、損毀、失竊，由駕駛人員賠償損失，並予以處分。

第 17 條：使用人應愛護車輛，保證機件、外觀良好，使用後並應將車輛清洗乾淨。

第 18 條：為私人目的借用公車，應先填寫車輛使用申請單，註明「私用」字樣，並經相關主管核准後轉會計部稽核相關費用。

第 19 條：用私人目的借用公車時若發生事故，導致違規、損毀、失竊等，在扣除保險理賠金額後全部由私人負擔。

第 4 章　維修保養

第 20 條：本公司車輛的維修保養，原則上按照車輛技術手冊執行各種檢修保養，並須按照預算執行。

第 21 條：車輛維修保養程序

(1)申請

司機發現車輛故障或需要保養時，應先填寫車輛維修保養單，經部門簽字，向車輛主管提交車輛維修保養申請、申報維修保養的費用預算。

(2)故障分析、審核預算維修費用

車輛主管接到車輛維修保養單後，對車輛進行故障分析，確定是否需要維修以及需要維修那些項目，並確定維修費用的限額。

(3)確定維修廠家

由車輛主管根據車型、維修項目確定車輛送修的維修廠家。

(4)審批

車輛主管確定維修廠家之後，應呈交行政經理在送修單上簽字。

(5)送修

司機將待修的車輛送到確定的維修廠家進行修理。

(6)鑑定

維修結束後，送修人及行政部相關人員應對維修車輛進行技術鑑定，檢驗合格，收回更換的舊部件，並核定維修費用的合理、準確性後，方可在維修廠家的單據上簽字。送修人對費用的真實性負責。

(7)驗收

送修車輛返回公司後，由車輛主管進行驗收。送修人應將車輛維修保養單及維修清單及時交回車輛主管。

(8)維修項目更改

車輛在維修過程中，若發現由於其他問題需增加維修項目，或需要增加維修費用，按照上述程序重新申請。

(9)費用結算

車輛主管對維修費用實行統一的月結或季結算。結算前，車輛送修人員須檢查送修車輛審批手續的規範性，並再次核定費用收取的合理性。

第 22 條：車輛的維修保養應由車輛主管指定修護廠家進行，指定專人結算；否則，維修保養費一律不予以報銷。

第 23 條：可自行修護者，可報銷購買材料、零件費用。

第 24 條：車輛於行駛途中發生故障或其他耗損急需修理或更換零件時，可根據實際情況進行修理，但非迫切需要或修理費超過 2000 元時，應與車輛主管聯繫請求批示。

第 25 條：由於司機使用不當或疏於保養，導致車輛損壞或機件故障，所需維修費，應依情節輕重，由公司與司機按比例共同負擔。

第 26 條：行政部負責人應對車輛進行不定期檢查，內容包括：

本制度執行情況、車輛內外衛生、一般保養狀況等。檢查不合格者，對司機及相關主管人員分別處以罰款，情節嚴重者取消司機的駕駛資格。

第5章　車輛保險

第27條：公司通過招標，確定承保保險公司。

第28條：公司所有車輛的保險，統一由公司支付分攤。

第29條：公司車輛投保險種及標準按相關規定執行，不得私自增加或減少投保險種，也不得私自提高或降低投保標準。

第30條：公司駐外機構由當地財務部根據《車輛保險保費對比表》所示的方法，計算出在當地投保和公司統一投保的保費，根據「誰的保費低就選誰」的原則，確定駐外機構在何處投保，並將相關資料報總公司的行政部確認。

第31條：一旦出現車輛保險索賠事件，車輛主管應在第一時間內與保險公司取得聯繫，並保存好索賠資料。事故處理完後，連同車輛事故報告表一起交保險管理員辦理索賠手續。

第6章　違規與事故處理

第32條：在下列情形之一的情況下，違反交通規則或發生事故，由駕駛人負擔，並予以記過或免職處分。

(1)無照駕駛。

(2)未經許可將車借予他人使用。

第33條：違反交通規則，其罰款由司機負擔。

第34條：各種車輛如在公務途中遇不可抗拒的車禍發生，應先急救傷患人員，向附近員警機關報案，並立即與管理部及主管聯絡協助處理。如屬小事故，可自行處理後向管理部報告。

第35條：意外事故造成車輛損壞，在扣除保險金額後，再視實際情況由司機與公司按比例承擔。

第 36 條：發生重大交通事故後，如需向受害當事人賠償損失，經扣除保險金額後，其差額再視實際情況由司機與公司按比例承擔。

第 7 章　費用報銷

第 37 條：公務車油料及維修保養費按憑證實報實銷。

第 38 條：私車公用憑實證報銷。

第 39 條：公車私用情況的繳費標準，另行規定。

第 8 章　附則

第 40 條：車輛使用完畢後，應停放在公司指定的場所，並將車門鎖妥。

第 41 條：本制度經呈總經理核准後公佈實施，修改時亦同。

二、車輛安全管理制度

第 1 章　總則

第 1 條：為加強本公司車輛安全工作的管理，落實車輛安全責任制，特制定本制度。

第 2 章　相關人員安全責任

第 2 條：公司所有車輛由行政部統一管理、車輛主管統一調度，其安全由相關人員負責。

第 3 條：車輛主管應把安全教育放到首位，教育所有的司機樹立「安全第一」，全面組織司機學習交通安全法規，並嚴格貫徹執行。

第 4 條：所有司機應自覺遵守交通法規，服從交警的指揮，駕駛禮貌行車，嚴格執行行車守則。

第 5 條：禁止司機酒後駕車。

第 6 條：司機應按規定規範合法停車，使用完車輛後，應關好車窗、鎖好車門，並在離開之前再次檢查確認。

第 7 條：司機在使用車輛前，如發現故障、配件失竊或損壞等現象，應立即報告，隱瞞不報而引發的後果由當期使用人負責。

第 8 條：因私人目的借用公車時，若發生交通事故、出現違規、損毀、失竊等，在扣除保險理賠金額後全部由個人負擔。

第 9 條：車輛使用人員或保管人員應對車輛定期檢查保養，按期檢查車輛性能，如機油、水、剎車油及機械關節部位的潤滑，總結安全工作，避免一切可能事故的發生。

第 10 條：由於司機使用不當或疏於保養，導致車輛損壞或機件故障，所需維修費，應依情節的輕重，由公司與司機共同分擔。

第 3 章　車輛安全檢查

第 11 條：所有車輛實行專人駕駛保管、車輛調度人員監督檢查的制度，嚴禁未經行政部相關批准將車輛交給非專職司機駕駛，嚴禁將車輛交給無駕駛證的人員駕駛。

第 12 條：為了保證車輛的安全行駛，對車輛應堅持出車前、行駛中、返回後的「本段查」。杜絕病車、故障車勉強上路行駛。

第 13 條：出車前檢查，主要檢查油水電系統是否暢通，有無跑漏；檢查安全設施是否齊全；檢查制動機件是否靈敏。

第 14 條：行駛中檢查，長途行駛 100 公里即應停車檢查主機和各零配件情況，及時排除故障。

第 15 條：返回後檢查，主要檢查車輛的完好狀況，以便進行及時的保養或維修。

第 16 條：保持最高的安全保險係數，是車輛安全行駛的保證。在下列 5 種情況下不能出車。

(1)油、電、水系統有故障時。

(2)制動設備性能不良時。

(3)安全設備不齊時。

(4)司機身體狀況不好時。

(5)裝運易燃物品，安全防範設施未落實時。

第 17 條：為了使安全技術檢查達到萬無一失的程度，需要建立由車輛主管、經驗豐富的司機和維修人員組成的安全技術鑑定小組，對短途車輛進行定期的安全技術檢查，對長途車輛進行出車前檢查，及時排除故障，保證安全行駛，並建立安全技術檢查檔案。

第 18 條：司機應嚴格執行車輛回庫制度，因特殊原因不能回庫時，須經總經理批准，並確認車輛在外停放安全。

第 4 章　車輛安全獎懲機制

第 19 條：本公司實行司機對車輛主管、車輛主管對行政部、行政部對公司層層負責的安全承包合約。實行安全責任制，獎懲按合約執行，層層有份。

第 20 條：司機駕車發生事故後，應立即停車，搶救受傷人員，注意保護現場，立即報案，聽候處理。

第 21 條：司機發生責任事故造成損失時，按事故的性質分別處以扣減薪水或罰款。

(1)一般事故(損失在 2000 元以下者)：按損失的 4%處罰。

(2)重大事故(損失在 2000～5000 元者損失的 8%處罰。

(4)機件責任事故：按損失金額的 10%處罰。

第 22 條：公司車輛安全管理小組協同交通管理部門妥善處理事故，事故的登記統計和報告，事故處理後的善後工作，事故後的內部處理和總結。

第 5 章　附則

第 23 條：本制度解釋權歸公司車輛安全小組所有。

第 24 條：本制度已經總經理審批，自公佈之日起執行。修改時亦同。

三、公司司機管理制度

第 1 章　目的

第 1 條：本制度旨在加強對公司司機的管理，本制度未涉及事項按其他有關規定處理。

第 2 章　行為規範

第 2 條：所有司機必須遵守交通安全管理的規章規則，安全駕車。

第 3 條：敬業、駕駛作風端正、遵循職業道德。所有司機必須遵守本公司制定的相關規章制度。

第 4 條：憑用車申請單出車，與用車部門搞好協作，未經批准不得用公車辦私事。

第 5 條：上班時間不出車時，司機必須在司機室等候工作，若臨時有事離開必須向車輛主管請假。

第 6 條：接送員工上下班的司機，要準時出車，不得誤點。

第 7 條：司機請事假，必須經車輛主管批准。高層管理人員專車司機須經領導同意後，方可請假。

第 8 條：開公司高層管理人員專車的司機，相關人員公事外出或外地學習、開會期間，司機工作由車輛主管負責安排。

第 9 條：所有司機應嚴格執行考勤制度，無故缺勤者一律按曠工處理，司機不聽從安排、耽誤公事，嚴重者給予開除處理。

第 10 條：晚間司機要注意休息，不准開疲勞車，不准酒後駕車。

第 11 條：任何時間、任何地點，司機均不得將自己保管的車輛隨便交給他人駕駛或練習駕駛，嚴禁將車輛交給無證人員駕駛。

第 12 條：司機駕車一定要遵守交通規則，開車不准危險駕車(包括高速、爬頭、緊跟、爭道、賽車等)。

第 13 條：司機應經常檢查自己所開車輛的各種證件的有效性，出車時一定要保證證件齊全。

第 14 條：公務車內不准吸煙。本公司員工在車內吸煙時，應有禮貌地制止；公司外客人在車內吸煙時，可婉轉告知本公司陪同人，但不能直接制止。

第 15 條：嚴禁在車內賭博、播放黃色錄影帶和走私，一經發現，第一次給予警告，第二次報治安管理部門依法查處。

第 16 條：司機下班後，車輛需回庫(不配司機的高層管理人員除外)。第一次違者，批評教育並罰款。第二次起，每次加倍處罰，車輛附件一切損失均由司機負責，如車輛失竊，司機須負一定的賠償責任。

第 17 條：離開車輛時，司機應注意以下兩件事項。

(1)司機需要離開車輛時，必須關好車窗、鎖死車門。

(2)車中放有物品或文件資料，司機又必須離開時，應將它們放於後行李廂內並加鎖。

第 18 條：出發前，司機應做好出車準備；收車後，做好相關工作。

(1)在出發前，應確認路線和目的地，選擇最佳的行車路線。

(2)收車後，司機應填寫行車記錄(包括目的地、乘車人、行車時間、行車距離等)。

(3)隨車運送物品時，收車後須向相關管理人員報告。

第 19 條：所開車輛必須經車輛主管、行政部經理及相關人員同意後，才能進行車輛大修理。車輛修理完後，應認真做好確認工作。

第 20 條：出現事故時，司機應能迅速做出應急處理，並向車輛主管和行政部經理報告。

第 3 章　禮儀規範

第 21 條：司機應注意保持良好的個人形象：

(1)保持服裝的整潔衛生；

(2)注意頭髮、手足的清潔；

(3)個人言行得體大方；

(4)在駕駛過程中，努力保持端正的姿勢。

第 22 條：司機對乘車人員要熱情、禮貌。

(1)司機應熱情接待、小心駕駛，遵守交通規則，確保交通安全。

(2)司機應在乘車人(特別是公司客人和領導)上下車時，主動打招呼並親自為乘車人開關車門。

(3)當乘車人上車後，司機應向其確認目的地。

(4)乘車人下車辦事時，司機等候時不得有任何不耐煩的表示，應選擇好地形將車停好等候。等候時，不准遠離車輛，不得在車上睡覺，不得翻閱乘車人放在車上的物品，更不得用喇叭催人。

(5)乘車人帶大件物品上車時，司機應予以幫助。

第 23 條：載客時，車內客人談話時，不准隨便插嘴。客人問話，應禮貌回答。

第 24 條：司機必須注意保密，不得傳播乘車者講話的內容，違者給予批評教育，嚴重者嚴肅處理。

第 25 條：司機人員的皮鞋應經常擦油，在車內不准脫鞋。

第 26 條：接送公司的客人時，司機應主動向客人打招呼並作自我介紹，然後打開車門將客人讓進車內，關車門時要注意乘客的身體和衣物，防止被車門擠壓。

第 27 條：行車中應及時使用冷熱風，聽收音機或聽音樂應徵得乘車人的同意，聲音不要太大，以免影響客人思考或休息。

第 28 條：在涉外活動中，司機對待外賓既要彬彬有禮又要不卑不亢，態度要自然、大方。如果對方主動打招呼。可按一般禮貌同其握手、交談。

第 29 條：司機在涉外活動中不得向外賓索要禮品或示意索取禮品，對不宜拒絕的禮品可以接受，回公司後應上交辦公室統一登記，按規定處理。

第 4 章　車輛保護規範

第 30 條：司機應愛惜公司車輛，平時要注意車輛的保養，經常檢查車輛的主要機件。每月至少用半天時間對自己所開車輛進行檢修，確保車輛正常行駛。

第 31 條：司機應每天抽一定的時間擦洗自己所開車輛，打蠟擦亮，做到晴天停車後無灰塵，雨雪停車後無泥點。前後擋風玻璃和車門玻璃要保持清潔，輪胎外側和防護罩要經常清洗，做到無積土。

第 32 條：出車在外或出車歸來停放車輛，一定要注意選取停放地點和位置，不能在不准停車的路段或危險地段停車。司機離開車輛時，要鎖好保險鎖，防止車輛被盜。

第 33 條：出車前，還應做好車容衛生，車外要抹洗乾淨，打蠟擦亮，車內也要勤打掃，保持車內的整潔美觀。

第 34 條：出車前，要堅持「三檢四勤」制，做到機油、汽油、剎車油、冷卻水、輪胎氣壓、制動轉向、喇叭、燈光的安全、可靠，保證汽車處於良好安全狀態。

第 35 條：出車前，要例行檢查車輛的燃料、滑潤油料、電液、冷卻液、制動器和離合器總泵油是否足夠，檢查輪胎氣壓及輪胎緊固情況，檢查喇叭、燈光是否良好，路單、票證是否齊全，檢查隨車工具是否齊備。

第 36 條：按照車輛技術規程啟動引擎，察聽聲音是否正常，查看引擎連動裝置緊固情況，查看有無漏油、漏水、漏氣。如有故障應予排除並報車管部門或人員。

第 37 條：出車前嚴禁酗酒，行駛中注意力要高度集中，嚴禁抽煙、談笑及做其他有礙駕駛的動作。

第 38 條：行車過程中，密切注意道路上的車、馬、行人動態，與前車保持一定的安全距離。通過十字路口、繁雜地段、轉彎拐角要嚴格執行有關規定。遇到對方車輛違章行駛，應主動避讓，避免發生事故。

第 39 條：收車後要將車身、車輪擋板、車底等全面沖洗乾淨，並抹乾車身的水漬；清潔車廂內壁、沙發、腳墊，清倒煙灰盅，使車整潔、美觀、舒適。

第 5 章　違章與事故處理

第 40 條：違反交通規則，因司機故意或其本人重大過失，造成的人身傷害，其賠償金額由當事人承擔。

第 41 條：在執行公務過程中，除認定是司機故意或其本人重大過失的情況下，違反交通規則。或發生交通事故時，其處理辦法如下。

(1)違章停車、證件不全、高速駕車或違反交通規則等罰款，由當事人負擔全額罰金。

(2)因交通事故造成人身或車輛傷害時，如屬公司車輛損害保險範圍，當事人可免除賠償責任。但在保險範圍之外，當事人應負責損失實額與保險金差額的二分之一。

(3)當公司車輛交通違章次數超出安全委員會限定的指標時，對公司的罰款由當事人負擔。

第 42 條：酒後開車損壞車輛者，由司機負責維修費用；如發生交通事故，除負責維修費用外，按相關法律規定承擔相應的刑事或民事責任。

第43條：當發生交通事故時，在事故現場，司機應做到：

(1)迅速與公司聯繫，接受公司的相關指示；

(2)如發生人身傷害，應將傷者迅速送到最近的醫院進行治療；

(3)應記錄下對方車輛的駕駛證號和車牌號，做好事故報告單；

(4)從對方駕駛證上，記錄下對方的住址、姓名、工作單位、電話、身份證號碼等；

(5)儘量取得對方的名片，以便事後聯繫相關事宜；

(6)牢記對方車輛損壞的部位與程度，條件許可時，可利用手機、照相機拍下現場實景：

(7)記錄事故現場目擊者的姓名、住址、聯繫電話等資料；

(8)對模糊不清或把握不大的問題，不得隨意回答交通警察的詢問；

(9)除完全認定是自己的過失外，不得將責任攬於一身。

第6章　考核與獎懲

第44條：為了確保上述規定能認真貫徹執行，使公司司機的總體素質能有顯著提高，公司對所有在崗司機進行禮儀、安全方面的考核。

第45條：考核採取年終考核與平時考核相結合、本部門考核與用車人員考核相結合的辦法，考核的內容包括儀態儀表、敬業精神、安全行車等方面。

第46條：司機全年安全行車，未出交通事故，年終公司將給予××元的獎勵。

第47條：對於工作勤奮、遵守制度、表現突出的，可視具體情況給予嘉獎、記功等獎勵。

第48條：對工作怠慢、違反制度、發生事故者，視具體情節給予警告、記過、降級直至除名處理。

第三節　車輛管理流程

一、事故處理流程

交通事故處理流程說明：

控制一

①將肇事車輛扣留原地，同時通知公司相關人員

②如有人員受傷，視情況呼叫急救中心到場或安排車輛將其送至最近的醫院

③在情況許可的情況下，用手機或照相機拍照，留下現場資料

④填寫交通事故現場記錄單，留下事故雙方及第三方目擊者的聯繫資料

⑤輕微事故要與當事人進行調解，儘量雙方協商解決

⑥較重事故需報交管部門進行處理

控制二

①事故處理小組趕赴事故發生地點

②維護事故現場秩序，以免破壞現場有關證據

③勘察現場，收集肇事事故的有關車輛車牌號、司機姓名、身份和聯繫方式等情況

控制三

①行政部根據交管部門出具的事故責任書和當事司機的現場記錄，分析事故原因，確定當事司機應承擔的事故責任

②編寫事故分析報告，提交行政總監審核

控制四

①根據事故分析報告，根據公司的相關規定，擬定事故處理辦法、事故雙方的賠償辦法，以及對當事司機的處罰辦法

②將整理的處理辦法及處罰辦法提交行政總監審核，並經總經理審批後執行

圖 9-3-1　事故處理流程

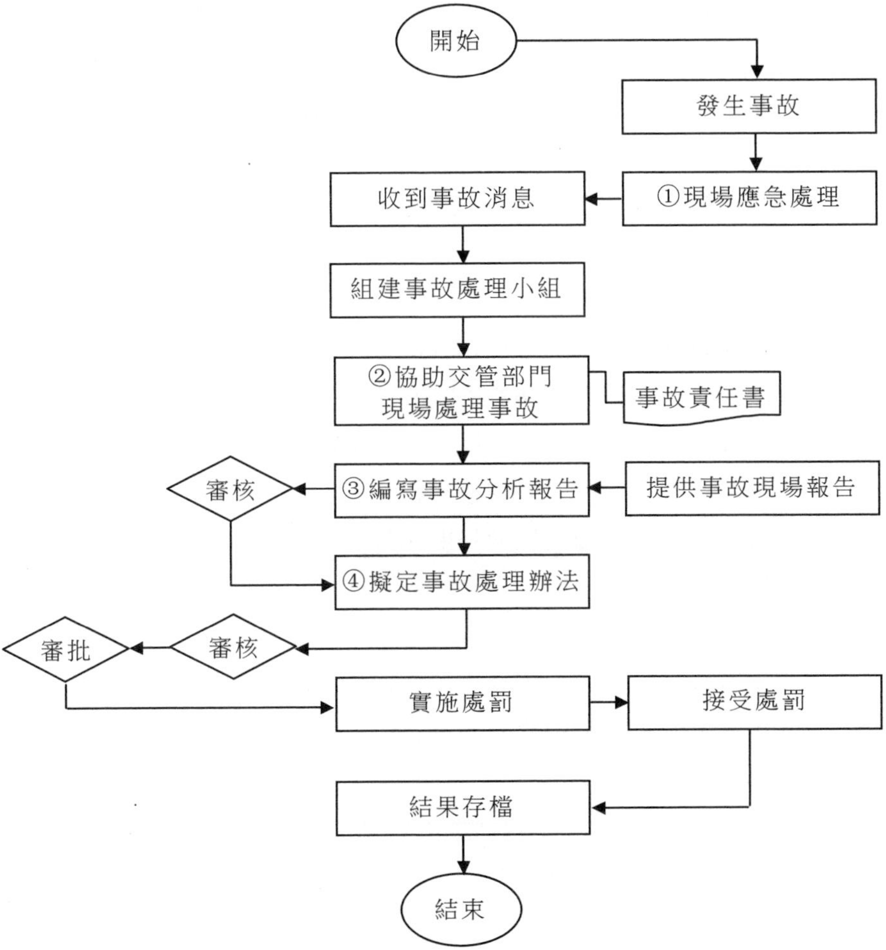

開始
發生事故
①現場應急處理
收到事故消息
組建事故處理小組
②協助交管部門現場處理事故
事故責任書
提供事故現場報告
③編寫事故分析報告
審核
④擬定事故處理辦法
審核
審批
實施處罰
接受處罰
結果存檔
結束

二、車輛管理流程

1.車輛使用流程

車輛使用流程說明：

控制一

①公司對車輛辦理使用手續,如申報牌照、駕駛執照、養路費和車輛保險等

②員工填定車輛使用請單，提出車輛使用要求；經部門經理簽字

③行政部對員工的車輛申請進行審核，並提交行政經理審批簽字

控制二

①行政部車輛主管查詢車輛目前的使用情況

②行政部車輛主管對車輛進行調配，以車輛使用申請單送達的先後順序及辦理事情的輕重緩急程度安排車輛

③行政部車輛主管對車輛安排司機

④行政部協同司機檢查擬使用的車輛

控制三

①行政部將準備好的車輛提供給員工，員工接受並使用車輛

②司機填寫《車輛使用記錄表》中需要於行車前填寫的內容

③行政部車輛主管對用車資訊進行登記

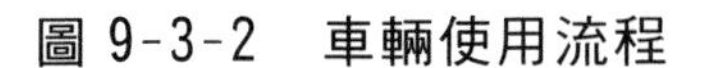
圖 9-3-2　車輛使用流程

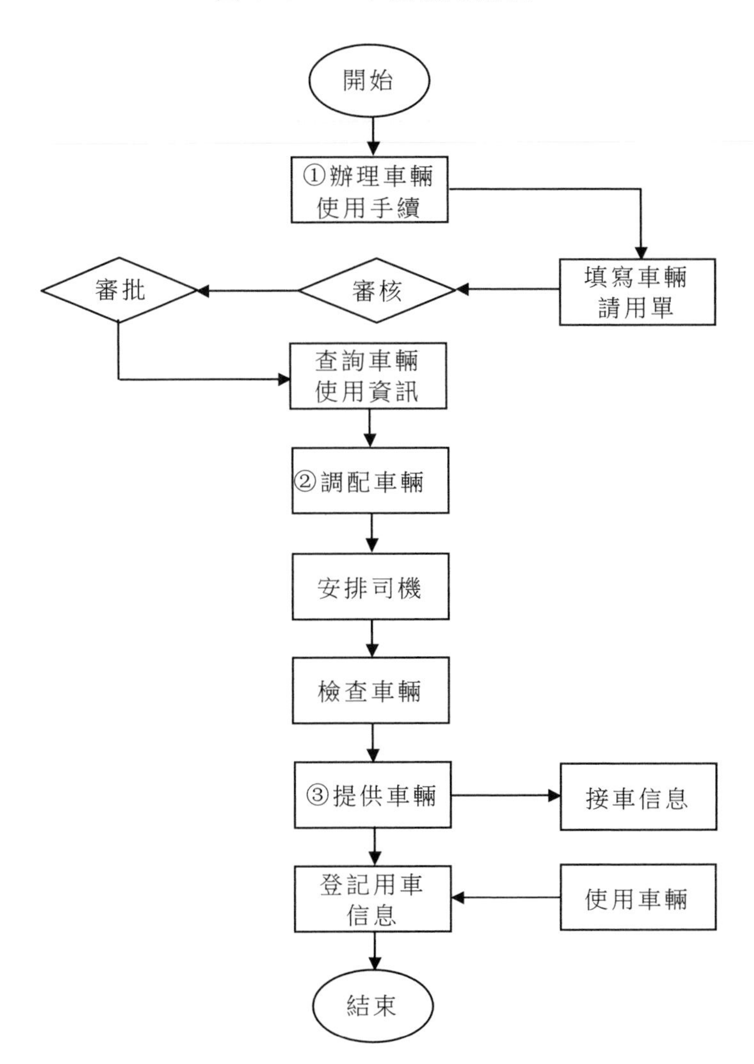
開始
①辦理車輛使用手續
填寫車輛請用單
審核
審批
查詢車輛使用資訊
②調配車輛
安排司機
檢查車輛
③提供車輛
接車信息
登記用車信息
使用車輛
結束

2.車輛加油的管理流程

圖 9-3-3　車輛加油的管理流程

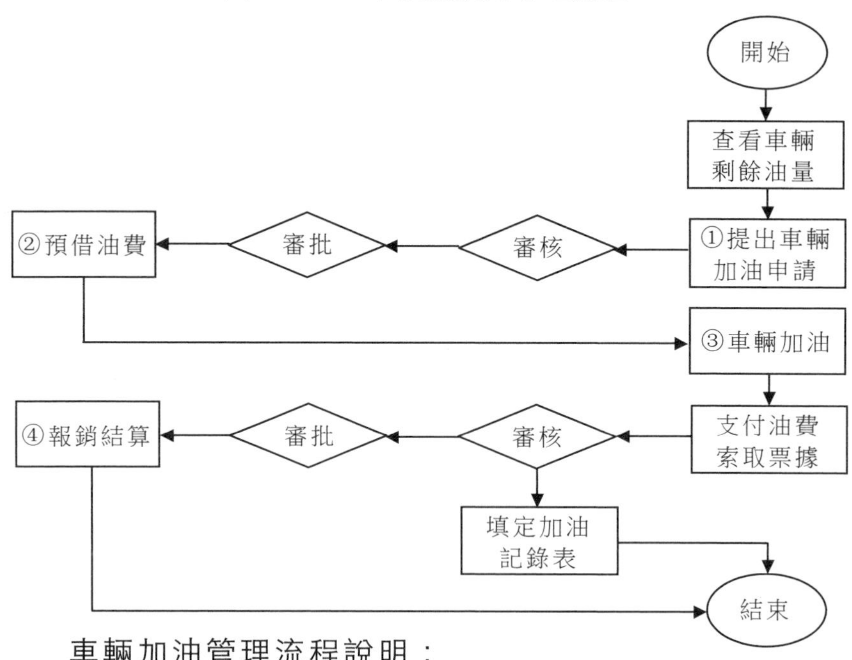

車輛加油管理流程說明：

控制一

①司機根據所駕駛車輛的剩餘油量，填寫加油申請單，提出車輛加油的申請

②行政部車輛主管審核車輛油料使用時間和用量，估計需要加的油量及所需費用

③車輛主管審核及估算後，報行政部經理審批

④行政部經理審批後，向財務部預借估算的油費

控制二

①司機去加油站對車輛進行加油

②支付實際的油費，索取有效的票據

控制三

①司機回公司後，憑加油申請單和有效票據，辦理報銷手續

②先報車輛主管審核，並將實際加油數量及油費登記到車輛加油記錄表中

③報行政部經理審核簽字，再報內務部審核

④內務療確認無誤後，與員工結算車輛加油費用

3.車輛安全的管理流程

圖 9-3-4　車輛安全的管理流程

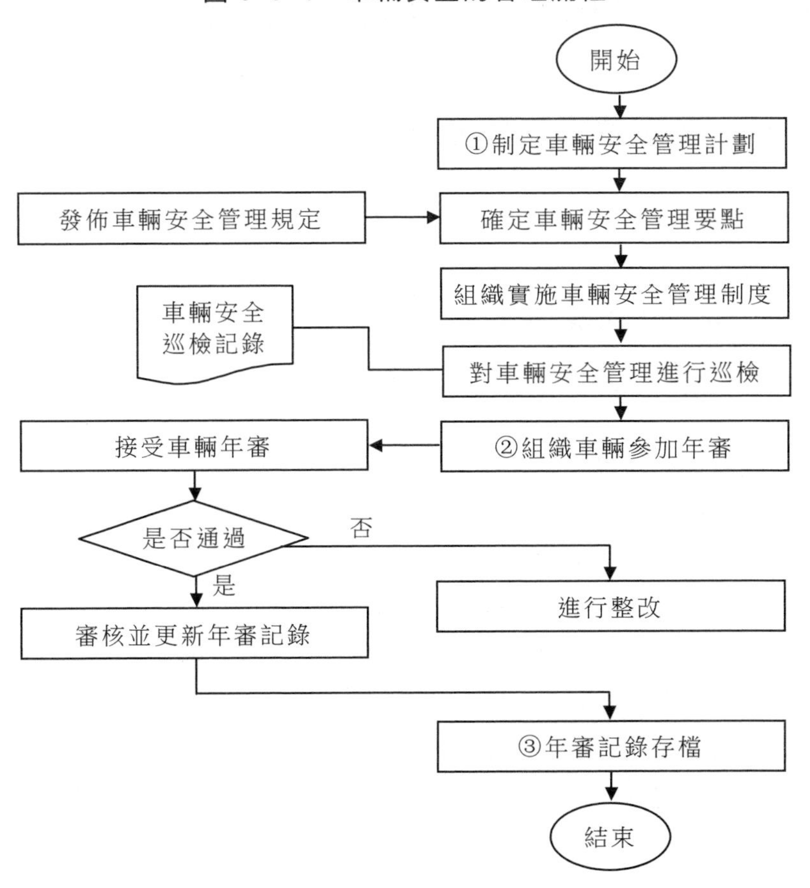

車輛安全管理流程說明：

①根據行車安全管理規定，制定公司車輛安全管理細化規定

②對公司車輛安全管理要點進行詳細說明

③在規定的時間內參加車輛年審

④行政部對年審記錄進行存檔

第四節　車輛管理方案

一、車輛肇事處理方案

1. 相關定義

⑴肇事定義

下列各款均為肇事：

①汽車(機車)相撞或被他人車輛撞到，致使雙方或其中一方有損害傷亡；

②汽車(機車)撞及人畜、路旁建築物及其他物品，致使人有傷亡或車、物有損害；

③汽車(機車)行使失慎傾倒，以及他人故意置障礙物於路中，車不慎撞及或傾翻，致使人有傷亡或車有損害；

④汽車(機車)行駛遭受意外的事變，如公路、橋樑、洞、隧道突然崩塌，致使人有傷亡或車有損害。

⑵損害定義

本辦法所稱損害，是指事故足以致使本公司遭受輕微損失及請求保險理賠。

2.肇事處理程序

一般來說，本公司依據下圖所示程序處理肇事的相關事宜。

圖 9-4-1　肇事處理程序圖

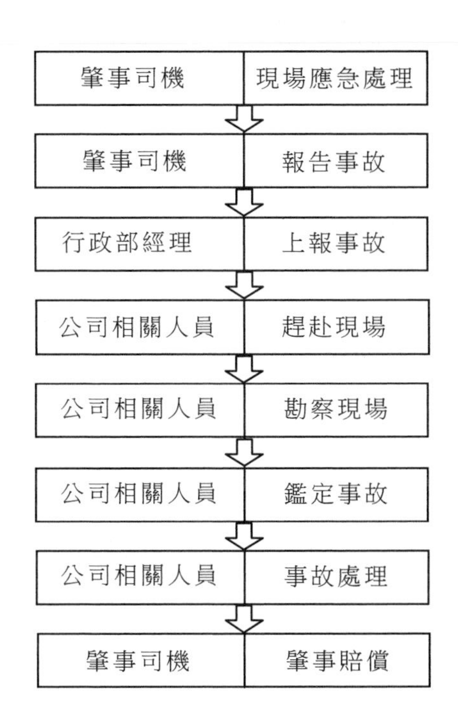

3.肇事處理事項

⑴肇事後

①事故發生時，肇事司機應立即向行政部經理報告。

②現場採取應急處理措施，如拍照，索取肇事雙方及目擊證人聯繫方式等。

③如有人員受傷，應呼叫急救中心或就近送往醫院治療。

④肇事發生後，若車輛有較大的損害、人員有嚴重傷亡時，在通知交管部門處理的同時，還要通知公司的行政部或人力資源部協

助辦理相關手續。

⑤行政部經理接到事故通知後，上報行政總監，迅速組織相關人員往肇事現場勘查、處理。

⑥儘量尋覓目睹肇事的第三者作證，並記明姓名、住址、電話等有效聯繫方式。

(2)現場記錄、勘查時

現場處理人員應詳細填寫事故記錄表，勘查現場時尤其要注意以下事項。

①肇事地點、地形、時間、氣候。

②初步查明肇事原因，研究、判斷事故現場影響肇事因素，車輛、行人的方向與位置等情形。

③事故雙方的車牌號碼，駕駛人員姓名、住址、電話號碼等有效聯繫方式。

④雙方車輛、人員、財產的損害情形。

⑤傷亡人員姓名、住址、傷亡直接原因與情形，以及救護方法。

⑥事故現場的拍照，現場圖的繪製(包括測量肇事車長、車寬，車輪位置與路面各點、線邊和剎車痕的長度，遺落在現場的各種碎片、塵土及血跡物等正確的位置與距離等)。

(3)界定本公司司機的肇事責任

本公司司機的肇事責任，由本公司經營會議界定，開會時將提前通知肇事司機列席

4.肇事處分

(1)肇事過失處理規定

經本公司經營會議界定後，本公司司機應負肇事責任，按其肇事理賠的次數及當次理賠的總數，依規定予以相應的過失處分。

⑵判刑者處理規定

①肇事後，經法院判決緩刑者，准予留用。

②肇事後，經法院判決徒刑者，自判決之日起予以解僱，並令其賠償肇事應付的金額。

⑶畏罪潛逃者處理規定

肇事後畏罪潛逃者，除請司法機關緝拿法辦外，並予以解僱，永不僱用。

5. 肇事賠償

行車肇事責任判明後，如當事雙方願意和解，需當場查明損害、確定賠償金額，並依下列規定分別處理。

⑴責任屬於對方車輛或行人的過失，本公司車輛的保險公司概不負賠償的責任。

⑵肇事責任屬於本公司司機的過失，其賠償款項由保險公司負擔，但若肇事賠償金額超過保險金額時，其超過金額須由車輛使用人負擔。

⑶肇事責任屬於本公司司機與對方司機或第三方共同過失的，按各方應負責任的比率分擔，肇事司機的損害賠償照第二項的條款辦理。

⑷肇事後，對方車輛逃逸能制止而未制止，或未記下對方的車號，致使肇事責任無從判明或追究者，所造成的損害賠償，由肇事司機按照第二項的條款辦理。

6. 辦理保險理賠

⑴肇事發生後，肇事司機應及時提供車輛肇事報告表呈報車輛主管，報行政部經理審核。

⑵車輛主管應於 24 小時內向保險公司報案，並認真填寫《機動車輛保險出險/索賠通知書》並簽章。

⑶肇事司機、車輛主管協助保險公司的相關調查事宜，告知保險公司損壞車輛所在地點，以便對車輛定損。

⑷車輛修復及事故處理結案後，準備、辦理保險索賠所需資料：

①機動車輛保險單及批單正本原件、影本；

②機動車輛保險出險/索賠通知書；

③駕駛證及駕駛證影本；

④肇事賠償的收據。

⑸根據不同的事故性質，還需要以下資料：

①若遇火災事故，需準備公安消防部門的火災原因證明；

②若遇自然災害，需準備氣象部門的證明或災害報導的剪報；

③若遇交通事故，除了需要準備由交警出具的道路交通事故責任認定書、交通事故損害賠償調解書，還需準備由法院出具的道路交通事故損害賠償調解終結書、民事判決書（調解書）；

④財產受損失時，需準備車輛修理、施救費用發票，車輛損失的照片，財物損失清單，財物損失修理、施救費發票，財物損失相片。

二、司機安全責任方案

1. 司機的日常管理

⑴行政部負責公司所有車輛的日常檢查、維護、保養、修理工作，按誰駕車誰承擔交通安全責任的原則，落實責任制。

⑵行政部的車輛中心負責對所有司機的日常工作安排，組織司機的安全培訓工作。

⑶發生過交通事故的司機，除及時向車輛中心及行政總監如實彙報事故外，還需向財務部及時繳納一定金額的保證金。

2.司機個人的安全管理

⑴學習、遵守相關法規

①司機應自覺遵守有關規章制度的規定，履行司機崗位職責。

②司機必須認真學習交通法規和交通行為規範，服從公司交通安全小組和公司有關安全方面的管理，服從交警和交通執行人員指揮、檢查和糾正，做遵守交通安全法規的模範。

③司機要牢固樹立安全、服務意識，必須以高度的責任心和良好的精神狀態駕駛車輛，嚴格執行交通規則，嚴禁酒後駕車。

④司機應按規定，在指定地點停放機動車輛，保證車輛停放安全，以防失竊。

⑤根據行政部的車輛主管安排，全體司機應積極參加交通安全的學習，提高駕駛技術，保證車輛完好，杜絕事故發生。未經批准不參加安全學習者缺席一次罰款 4000 元。

⑵車輛的檢查與交接

①司機必須認真做好車輛的日常維護和保養，保持車輛整潔、車況良好，並按要求填寫有關記錄卡。

②司機要愛護車內設施，保證車輛內外清潔，出行前要例行安全檢查，並要定期對車輛進行維護保養，保證車輛的安全行駛。

③司機應嚴格執行車輛交接程序，做好車輛的交接手續，認真檢查車況及各類證、照是否齊全，確保行車安全。

3.交通事故相關責任

⑴報告交通事故與協助處理

機動車在行駛中發生事故時，司機應嚴格按照規定，立即停車保護現場，搶救傷患和財產，除迅速報告當地交管部門外，還應及時報告公司行政部。

⑵服從相關部門的處理

發生事故後，機動車司機應服從交管部門的處理。

⑶承擔交通事故的賠償與罰款

①司機因故意違章和因證件不全被罰款的，其費用自負。

②出現交通事故，事故處理的一切費用由肇事司機承擔。

③事故的賠償金額，除向保險公司索賠的部份外，其餘全部由肇事司機承擔。

④肇事的專職司機除承擔上述賠償責任外，還按責任的比重及事故損失金額的大小，公司將參照一定比例對肇事司機進行處罰，如下表所示。

表 9-4-1　肇事司機處罰細則表

事故損失金額	次要責任	同等責任	主要責任	全部責任
不足 10000 元的	200 元	300 元	400 元	500 元
10000～50000 元的	5%	7%	9%	12%
50000 元以上的	7%	9%	11%	15%

⑤肇事的非專職司機，除承擔上述賠償責任外，處罰額度可在專職司機的基礎上降 10%。

⑥未經批准，私自出車或私事出車，按上述比例加罰一倍。

⑷交通事故的行政處分

①對交通事故肇事者，除承擔賠償與處罰外，還將視情節輕重分別給予書面檢查、通報批評、停止駕駛、降薪等處理。

②出現重大交通事故，負主要責任以上的司機(死亡 1 人或重傷 3 人，直接損失嚴重者)，除按上述規定執行外，還做如下處分：終止合約、所繳保證金充公。

三、車輛費用管理方案

1. 車輛費用及保障

⑴車輛費用範圍車輛費用包括油費、修理費、材料費、保險費、養路費、停車費、道路通行費、審驗費及其他相關費用。

⑵車輛費用保障

①車輛費用保障項目包括：費用借支、費用報賬。

②車輛因故需借款或報賬時。應由車輛主管填報借款申請單，經行政部經理審核無誤後，報主管行政後勤工作的行政總監審批(修理費用需附請修單)。

③車輛主管或相關人員憑審批的意見，到財務部借支或報賬。

④修理保養費、油費、停車費、道路通行費報賬時，應由司機在相關票據或憑單上簽字證明。

⑤備用金制度。公司司機人員於入職時，可於財務部領取 600 元的車輛費用備用金。此備用金可用於緊急情況下的加油費、維修費，以及日常保養費、停車費、道路通行費的支付。

2. 車輛費用額度的控制

⑴車輛費用額度的規定

①公司中、高層管理人員用車費用額度的規定。

公司中、高層管理人員用車費用額度，是指中、高層管理人員在辦公常駐地的日常工作用車費用。

憑發票(加油票據、停車費、路橋費、維修費等)及公司的出車單核銷，每月最後一天結算本月的費用，在額度內實報實銷，超過部份個人承擔。

②路橋費、維修費、油費、停車費等相關費用包括在各部門用

車費用額度內。

③用車費用額度的其他規定。

公司員工因公長途出差及機場的往返費用，列入公司的用車費用額度。

因公接待客戶發生的用車費用，列入各部門的費用額度內。

⑵車輛費用額度控制程序

本公司的車輛費用額度控制程序，如下圖所示。

圖 9-4-2　車輛費用額度控制程序圖

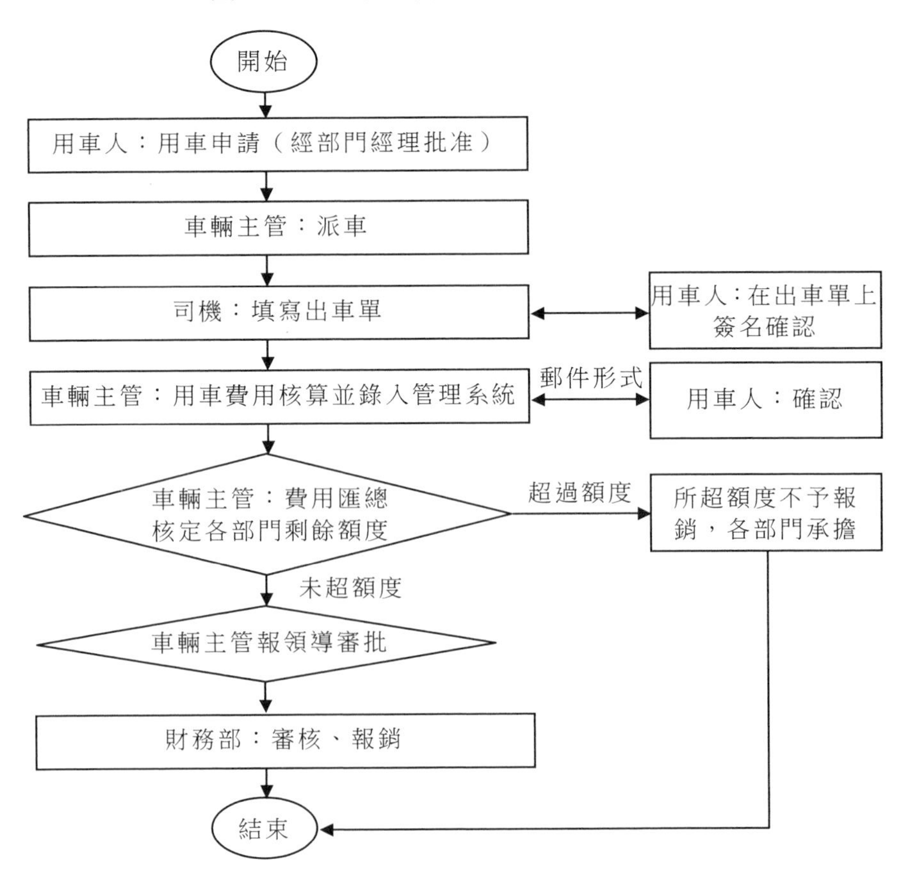

⑶相關部門費用控制職責

①行政部

行政部負責各部門用車費用的核算，進行費用匯總，每月最後一天在公司資金管理會議上，按部門報告本月的用車費用，並與財務部共同核定當期各部門用車費用的的當 3 月剩餘額度。

②各部門

各部門自行制定自己的用車計劃及費用預算，報行政部審核、備案。

各部門用車費用控制程序：司機申請報銷用車費用→車輛主管審核→行政部經理批准→計入各部門的用車費用→控制各部門的用車費用額度。

心得欄 --

第 10 章

行政部的總務後勤管理

第一節　總務後勤崗位職責

一、總務後勤主管的工作崗位職責

總務後勤主管協助行政部經理做好公司基本建設管理，參與擬定和完善公司後勤管理規範，並監督執行。總務後勤主管的職責如下所示。

- 協助總務後勤主管建立總務後勤管理制度
- 員工宿舍分配、管理
- 員工食堂、伙食管理
- 企業清潔衛生管理
- 企業環境、綠化管理
- 公司文化建設，休閒、文化娛樂活動管理
- 其他後勤保障事務管理

· 臨時交辦的其他工作

二、總務後勤專員的工作崗位職責

總務後勤專員協助總務後勤主管進行企業總務後勤具體管理工作，其具體崗位職責如下所示。

· 協助總務後勤主管完成日常行政工作
· 負責部門間工作協調、溝通工作
· 協助員工宿舍管理專員進行員工宿舍分配、管理
· 協助員工食堂管理專員進行員工食堂、伙食管理
· 協調保潔人員進行企業清潔衛生管理
· 協調綠化專員進行企業環境、綠化管理、公司文化娛樂、休閒活動執行、管理
· 其他後勤保障事務執行、管理
· 臨時交辦的其他工作

三、宿舍管理專員的工作崗位職責

員工宿舍管理專員負責員工宿舍的分配、安全保衛、秩序的維護管理與宿舍日常管理工作，其具體崗位職責如下所示。

· 執行員工宿舍管理的各項規章制度，對宿舍樓實行全面管理
· 負責員工宿舍的分配、調整工作
· 負責員工住宿房間的登記工作
· 負責員工宿舍樓區的安全保衛工作
· 責宿舍樓內的公共物品管理
· 負責員工宿舍水電供應管理

· 做好員工宿舍樓內每日水、電的節約管理工作
· 管理好宿舍樓內各房間的備用鑰匙
· 及時呈報水、電、鎖等公物維修，配合維修工維修
· 負責員工宿舍樓內的有關事項的協調和聯繫工作
· 員工宿舍突發事件的處理

四、食堂管理專員的工作崗位職責

員工食堂管理專員在總務後勤主管的領導下，負責企業員工食堂、伙食安排的日常管理工作，其具體崗位職責如下所示。

· 負責每日就餐人數統計(估計)及相應主食、蔬菜等物料準備
· 檢查和維持就餐秩序
· 主辦或協助每日主副食料或其他物品的採購
· 食品和物料的領用及保管
· 負責檢查食堂衛生、用餐器具消毒情況，確保用餐安全
· 嚴格把好食品品質關，貫徹食品衛生制度
· 控制衛生消毒用品、潔具的耗用
· 每天檢查食堂所用的設備運轉是否正常，發現問題及時聯繫維修
· 合理安排員工倒班，做好每餐後的衛生清掃和定期大掃除工作
· 及時安排並完成行政部臨時下達的客飯或領導宴請任務
· 負責員工食堂工作人員的業務監督、指導，做好績效考核工作
· 按工作程序做好相關部門的橫向聯繫，並及時對合理建議進行處理

· 完成上級主管臨時交辦的其他任務

五、保潔人員的工作崗位職責

保潔人員是美化、淨化企業工作、生活環境的重要職員，其工作的好壞直接關係到盆業的形象。保潔人員的主要工作職責如下所示。

· 按照公司目標和規章制度，組織各項清潔服務工作的具體落實
· 按照清潔程序做好區域內衛生保潔工作
· 保質保量地完成負責區域內衛生，保證區域內及週邊環境處於清潔、衛生狀態
· 負責專用清潔設備的使用，並定期檢查、保養、清潔機械設備
· 交辦的其他工作

六、綠化人員的工作崗位職責

綠化工作是企業形象的視窗，為創造一個舒適的工作、生活環境，促進企業工作秩序正常進行，綠化人員應履行工作職責，做好企業園林綠化管理工作。綠化人員崗位職責如下所示。

· 按照企業綠化基本要求，做好年度綠化計劃
· 落實防火、防盜、防病蟲害、防操作事故等安全保障措施
· 做好定期除草、鬆土、施肥、澆水及病蟲害防治工作
· 負責會議室、辦公室等公共場所擺放觀賞植物，並做好養護工作

· 負責保管好工具、化肥、農藥等

· 負責對工具的保養和維修工作

· 嚴格控制綠化管理成本

第二節　後勤管理制度

一、員工食堂管理制度

第 1 章　總則

第 1 條：目的

為了提高食堂管理的整體水準，為全體員工提供衛生、放心、舒適、優質的用餐環境和氣氛，維護和確保員工的身體健康，特制定本制度。

第 2 條：適用範圍

食堂工作人員和在食堂用餐的全體員工。

第 2 章　採購與存儲管理

第 3 條：採購管理

(1)按照合理的計劃採購。

(2)嚴把採購品質關。不得採購黴變、腐敗、蟲蛀、有毒、超過保質期或衛生法禁止供應的其他食品。

(3)採購大批主食或副食要求供貨單位提供衛生許可證，以便查驗，不得採購三無產品。

(4)把好驗收關。嚴禁腐爛、變質的原料入倉，防止食物中毒。

第 4 條：存儲管理

(1)堅持實物驗收制度，做好成本核算。做到日清月結，賬物相符。每週盤點一次，每月上旬定制公佈賬目，接受員工的監督。

(2)食堂的一切設備、餐具、食品均需有登記，有賬目。

(3)嚴格執行食品衛生制度，對存放的各類食品實行「隔離」，以免串味、走味或變質。

(4)食堂庫房整齊清潔，分類存放，防鼠防潮。

(5)食品存放冰箱或冰櫃時間不得超過 48 小時，嚴禁銷售隔夜飯菜。

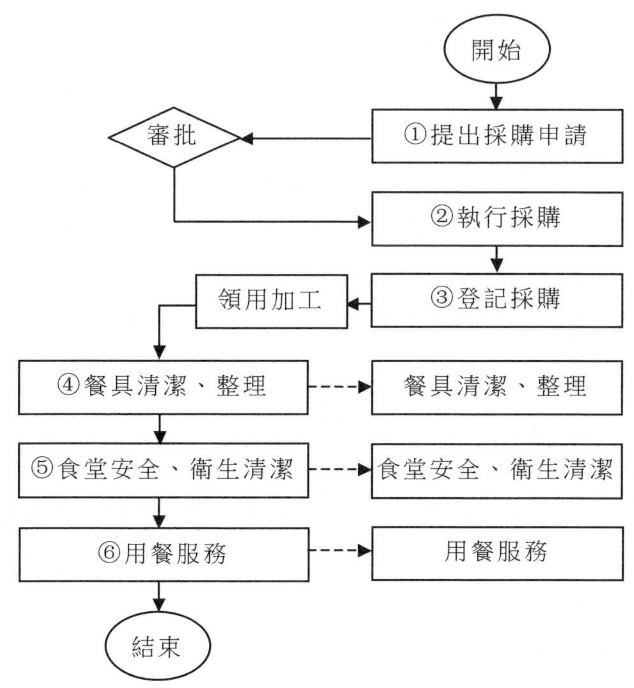

第 3 章　衛生管理

第 5 條：食堂工作人員個人衛生管理

(1)要做好個人衛生，勤洗手，勤剪指甲，勤洗澡，勤洗換工作服。

(2)不得留長指甲、染指甲，工作時不戴戒指、手鐲、耳環等。

(3)工作時要穿戴白色工作服、工作帽，分菜員或食堂打菜人員要戴口罩，不得用工作服或圍裙擦手、擦臉。

(4)每半年進行一次健康檢查，無健康合格證者，不准在食堂工作。

第 6 條：食堂環境衛生管理

(1)廚房、食堂要經常清掃，保持乾淨、衛生。

(2)食品餐具消毒要有專人負責，並嚴格執行「一洗、二刮、三沖、四消毒、五保潔」的規定。其他用具容器及抹布也要經常進行消毒。

(3)食堂在檢、洗食品時所產生的廢棄物要按規定存放，用餐後的剩菜剩飯要有專用汙物桶存放，並要加蓋，專人處理，做到垃圾汙物日產日清，防止再次污染。

(4)嚴禁非工作人員進入操作間。

第 7 條：食堂食品衛生管理

(1)生熟食及用具嚴格分開使用，做到「雙刀」、「雙墩」、「雙碗」，專具專用，餐具、用具用完隨時清洗，每天消毒一次。

(2)對採購的主副食品和調味品要嚴把驗收入庫關，發黴變質食品不得入庫，保管好入庫食品，發現黴爛變質等問題時要隨時處理。

第 4 章　安全管理

第 8 條：防火安全管理

(1)廚房必須保持清潔，染有油污的抹布、紙屑等雜物，應隨時消除，爐灶油污應常清洗，以免火屑飛散，引起火災。

(2)使用炊事器具或用具要嚴格遵守操作規程，防止事故發生。

(3)食堂工作人員經常清理油煙淨化裝置，收集器內的汙油定期送相關單位妥善處置。

(4)易燃、易爆物品要嚴格按規定放置，杜絕意外事故的發生。

(5)油鍋起火時，立即用鍋蓋緊閉，使之缺氧熄滅，鍋蓋不緊密時，用酵粉或食鹽倒入，使火熄滅。

(6)使用燃氣鋼瓶不可橫放，管線及開關不可有漏氣現象；遵照點火及熄火方法執行。

(7)每日工作結束時，必須清理廚房，檢查電源及煤氣、熱源火種等開關確實關閉。

第 9 條：防盜安全管理

(1)嚴禁隨便帶無關人員進入廚房和保管室。

(2)食堂工作人員下班前，要關好門窗，檢查各類電源開關、設備等。

(3)食堂負責人要經常督促、檢查，做好防盜工作。

第 5 章　員工工作餐供應管理

第 10 條：工作餐供應管理

(1)食堂為公司所有員工提供早、中、晚三餐工作餐，要求在規定的開餐時間內保證供應，並保熱、保鮮，以使員工在崗位上能保持良好的工作情緒。

(2)食堂擬定每週飯譜，儘量使一週每日飯菜不重樣，按飯譜做好充足的準備。飯菜要講究色、味、形，嚴格操作規程。

(3)食堂工作人員要熱情、禮貌地接待員工就餐，對特殊口味的員工，食堂要盡力滿足要求。

(4)食堂負責為每位員工提供餐具，用餐完畢由員工本人送到指定地點，由食堂工作人員進行刷洗、消毒。

(5)為體現公司對員工的關心，食堂負責為帶病堅持工作的員工做好病號飯；由醫務人員根據病情及營養搭配制定食譜，由食堂人員負責制作。

(6)食堂工作人員在員工用餐後進行一次大清理，使桌、椅、餐具整潔有序，除就餐外，還可供員工休息。

(7)每月底食堂管理人員做出《月用餐統計表》(見下表)，以便為下月採購提供依據。

表 10-2-1　月別用餐統計表

日期	員工用餐人數			客餐次數		
	早	中	晚	早	中	晚
合計						

第 11 條：加班餐供應管理

(1)加班餐供應對象為晚間加班(晚上 20：00 以後)的員工。

(2)加班餐的管理者為總務後勤主管。

(3)加班餐的供應辦法為向員工配發餐券，以餐券領取加班餐。

(4)各部門主管在認定需要加班時，應於當日下午 14：00 前向行政部提出供餐申請。事前無法預料的加班，應直接與食堂聯繫。

(5)原則上在每日下班前不受理加班餐申請。總務部受理申請後，計算出需要的加班餐份數，並與食堂聯繫。總務部受理申請時，向各部門配發相應的餐券，作為領取加班餐的憑證。

(6)加班員工應在指定時間憑餐券到食堂取加班餐。餐券均當日有效。餐券丟失、汙損等不再補發。

(7)食堂供餐時間為晚上 18：00 至 19：00，特殊情況下，部門主管應事先與食堂聯繫，協商供餐時間。

第 12 條：客餐供應管理

(1)凡申請客餐及業務招待餐的，須提前填寫《招待申請單》(見下表)。

表 10-2-2　招待申請單

申請部門		申請人	
招待對象		招待人數	
招待事由		作陪人數	
客餐招待內容與標準			
款項預算			
部門審批			
公司審批			

(2)《招待申請單》經相關經理批准後，申請人通知總務後勤主管具體人數、標準、時間。用餐完畢後，申請人簽字驗證，按月由財務部核算費用。

第 6 章　員工食堂就餐管理

第 13 條：就餐時間

員工食堂每日供應三餐，根據公司實際情況，制定用餐時間。

第 14 條：員工就餐要求

如有違反以下規定者，事務部有權報行政部給予罰款處理，從當月浮動薪水中扣除。情節嚴重者，屢教不改者，給予行政處分或除名。

(1)公司員工進入食堂就餐一律要掛號牌，憑餐卡打飯菜。

(2)就餐人員進入食堂後，必須排隊打飯，不許插隊，不許替他人打飯。

(3)就餐人員必須按自己吃飯的食量盛飯打湯，不許故意造成浪費。

(4)員工用餐後的餐具放到食堂指定地點。

(5)食堂內不准抽煙，不准隨地吐痰，不准大聲起哄、吵鬧。

(6)在食堂用餐人員一律服從食堂管理和監督，愛護公物、餐具。

(7)就餐人員不准把餐具拿出食堂或帶回辦公室據為已有。

第 7 章　餐卡管理

第 15 條：辦卡

(1)在職的員工由公司統一辦理餐卡，每人限辦一張，收取工本費 100 元，不收伙食管理費。

(2)公司外部人員可憑本人有效證件辦卡，收取工本費 100 元，每次加錢收取 10%的伙食管理費。

(3)原卡丟失、損壞需重新辦理就餐卡者，收餐卡工本費 10 元。

第 16 條：退卡

(1)退卡須憑本人證件辦理餐卡註銷退夥手續。

(2)不辦理註銷手續者，員工食堂管理中心有權將該餐卡註銷。

(3)辦理退夥手續時，只退餐費，不退卡費。

第 17 條：使用

(1)員工就餐時持餐卡直接刷卡使用。

(2)員工持有的餐卡須保持清潔，以保證餐卡的正常使用。

第 18 條：掛失、解掛

(1)餐卡丟失，憑本人證件到餐卡室辦理掛失。

(2)餐卡找到後憑本人證件到餐卡室解掛。

第 19 條：加錢

(1)員工憑餐卡到指定地點加錢。

(2)加錢處：員工食堂、餐卡管理室。

(3)加錢時間：餐卡管理室每週一至週五 10：00～13：00 和 15：

30～18：30；員工食堂每週一至週五 11：00～13：00。

二、員工宿舍管理制度

第 1 章　總則

第 1 條：為保持員工宿舍良好、清潔、整齊的環境和秩序，保證員工得到充分的休息，以維護生產安全和提高工作效率，特制定本制度。

第 2 章　住宿條件與退床

第 2 條：住宿條件

(1)員工在市區內無適當住所或交通不便者，可填寫《宿舍申請表》(見下表)申請住宿。

表 10-2-3　宿舍申請表

宿舍號碼	住宿人員姓名	住宿時間

(2)凡有以下情形之一者，不得住宿。

①患有傳染病者。

②有吸毒、賭博等不良嗜好者。

(3)不得攜眷住宿。

(4)保證遵守本制度。

第 3 條：退床管理

(1)員工離職(包括自動辭職、被免職、解職、退休等)，應於離職之日起 3 天內，遷離宿舍，不得藉故拖延或要求任何補償費或搬家費。

(2)員工退床時，必須到行政部辦理相關手續。

第3章　員工宿舍管理

第4條：宿舍管理人員職責

(1)監督管理一切內務，分配清掃任務，保持室內整潔，維護秩序，維護水電煤氣的安全及對門戶人員的管理。

(2)監督值班人中，維護環境清潔及門窗的安全。

(3)掌握住宿者(如血型、緊急聯絡人等方面)的資料，以備不時之需。

第5條：員工宿舍出入管理

(1)員工出入管理

①未經批准的外來人員或車輛一律不准進入宿舍大院。

②進入宿舍大院的人員、車輛必須出示有效證件，並服從值班人員的管理。

③帶行李、物品出宿舍大門的員工須自覺接受管理員的檢查。

④凡外出的員工必須在晚上 22：00 前回宿舍。

(2)來訪管理

①來訪人員必須服從宿舍管理人員的指揮安排。

②來訪人員需憑有效證件登記，經驗證核實後方可進入。

③來訪人員不得擅自進入非探訪地段。

④來訪時間：上午 8：00 至晚上 22：00。

第6條：員工宿舍衛生管理

(1)宿舍房間內的清潔衛生工作由住房員工負責，實行輪值制度(如遇加班，不能當天清掃房間衛生者，可找同房間的另一人頂替)，每天的衛生值班員負責衛生清潔工作。

(2)經常清理屋頂的蜘蛛網。

(3)各人床鋪應擺放整齊。

(4)辦公室每週檢查、評比一次。

(5)廢棄物、垃圾等應集中傾倒於指定場所。

第 7 條：員工宿舍日常維修管理

(1)宿舍管理員設置專人日常巡檢維修工作，發現問題，及時處理，確保員工的休息和安全，維護公司財產。

(2)各住戶需維修的項目，由本人填寫維修項目並找二至三家報價，並將各報價單整理後報行政部和總經理批准，按合約要求施工。

(3)維修時，儘量降低工本、費用的開支，施工時要親臨現場監工，驗收時認真檢查施工品質，憑據辦理付款手續。

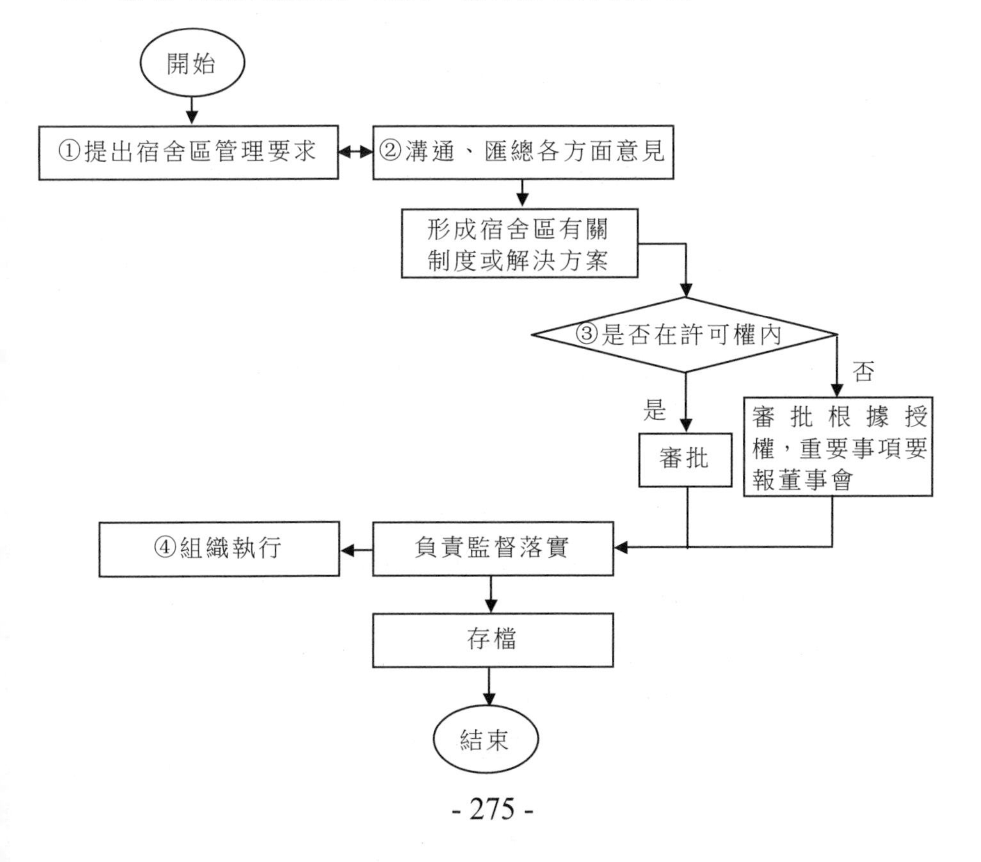

第 8 條：宿舍區水電設備維修保養管理

(1)宿舍管理人員每半月對員工宿舍的抽氣扇、冷氣機進行一次檢驗。檢查冷氣機的運行情況，要求聲音正常，隔層網潔淨。如發現機械故障，應立即通知工程部處理。

(2)宿舍管理人員每半月派專人檢查水電設備並加油。

(3)宿舍管理人員每月對各房的電錶進行抄錄、核實，同時檢查各分路開關有無超栽過熱現象，如果發現及時處理。

(4)宿舍管理人員每月檢查一次員工宿舍房間的電器使用，驗看燈具、開關、插頭、接線盒是否完好，室內有無亂接亂拉電線現象，電風扇轉動是否正常，扇葉是否乾淨無塵。

(5)宿舍管理人員每月檢查一次各家屬宿舍和集體宿舍的樓梯、走廊的燈具、開關、測試各房的電器是否完好，發現問題及時解決。

(6)宿舍管理人員每月檢查一次電熱水器，測試絕緣性，以及自動部份是否正常。

(7)宿舍管理人員每月準時抄錄各棟宿舍的總水錶，檢查總閥及各分路水制，發現漏水及時處理。

(8)宿舍管理人員每季檢查一次各棟宿舍的總配電箱、櫃、開關的接頭、觸點，檢查其絕緣情況和設備衛生情況。

第 9 條：員工宿舍消防安全管理

(1)住宿員工自覺遵守企業各項消防安全制度。

(2)住宿員工不得私自亂拉亂接電線、插座。

(3)宿舍內不得使用電熱炊具、電熨斗及各種交流電器用具。

(4)員工宿舍人離熄燈，斷電源。

(5)宿舍內嚴禁吸煙。

(6)禁止在員工宿舍範圍內燃放煙花鞭炮。

(7)出入房間隨手關門，注意提防盜賊。

(8)室內不得使用或存放危險、易燃、違禁物品。

第4章　住宿人員管理

第10條：住宿人員職責

(1)按照宿舍管理人員安排住宿。

(2)遵守宿舍衛生、安全管理要求。

第11條：宿舍守則

(1)住宿員工應服從宿舍管理人員的管理、派遣與監督。

(2)員工對所居住宿舍，不得隨意改造或變更。

(3)員工宿舍樓一切設施歸本公司所有，未經宿舍辦公室許可任何人不得把東西搬離宿舍樓。員工必須由正門進入，不得爬陽台、翻越後牆。

(4)員工所分配鎖匙只准本人使用，不得私配或轉借他人。放假期間，員工要把自己的東西交托他人看管，以免丟失。

(5)員工不得將宿舍一部份或全部轉租或出借給他人使用，一經發現，即終止其居住權利。

(6)宿舍所有器具設備(如電視機、玻璃鏡、衛浴設備、門窗、床鋪等)，住宿員工有責任維護其完好。如因疏於管理或惡意破壞，酌情由現住人員承擔修理費或賠償費，並視情節輕重給予紀律處分。

(7)自覺保持宿舍安靜，不得大聲喧嘩，同事之間應和睦相處，不得以任何藉口爭吵、打架、酗酒，晚上22：00後停止一切娛樂活動(特殊情況除外)。

(8)自覺節約水電，愛護公物，損壞(浪費)公物按價賠償。

(9)自覺將室內物品擺放整齊，不准在牆上亂釘、亂寫亂畫、張貼字畫或懸掛物品，不准弄髒和劃花牆壁。

(10)保持生活環境的整潔衛生，不隨地吐痰、亂丟果皮、紙屑、煙頭等。一切車輛(含自行車)要按指定的位置擺放整齊。

(11)宿舍區內的走廊、通道及公共場所，禁止堆放雜物、養三鳥和其他寵物，不允許養狗。

(12)注意安全，不要私自安裝電器和拉接電線，不准使用明火爐具(用電爐具)及超負荷用電。

(13)房間所住的員工必須負責衛生，輪流值日，共同清洗室內廁所、沖涼房、洗手盆、陽台。下水道因衛生不清潔造成的堵塞由責任人承擔其維修費用，如無法明確責任則由所住房間員工均攤。

(14)嚴禁在宿舍範圍內搞封建迷信和違法亂紀活動。

第 5 章　其他

第 12 條：取消員工住宿資格

住宿員工發現下列行為之一，即應取消其住宿資格，並呈報其所在單位和總務部論處。

(1)不服從管理員監督、管理。

(2)在宿舍賭博、打麻將、鬥毆、酗酒。

(3)蓄意破壞公用物品或設施。

(4)擅自在宿舍內接待異性客人或留宿他人，情節嚴重。

(5)經常破壞宿舍安寧、屢教不改。

(6)嚴重違反宿舍安全規定。

(7)無正當理由經常夜不歸宿。

(8)有偷竊行為。

(9)宿舍內有不法行為。

三、清潔衛生管理制度

第 1 章　總則

第 1 條：本公司為維護員工健康及工作場所環境衛生，塑造公司形象，特制定本制度。

第 2 條：凡本公司清潔衛生事宜，除另有規定外，皆依本制度實行。

第 3 條：本公司清潔衛生事宜，全體人員須一律遵行。

第 4 條：凡新進入員工，必須瞭解清潔衛生的重要性與必要的清潔衛生知識。

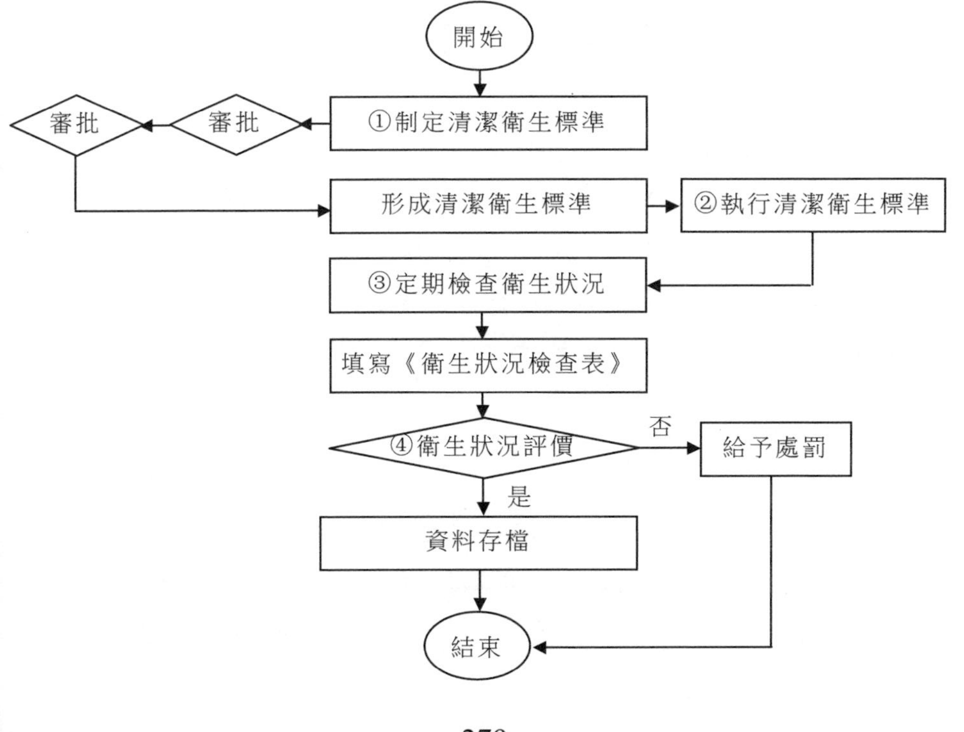

第 2 章　清潔衛生要求

第 5 條：總體要求

(1)各工作場所內，均須保持整潔，不得堆放垃圾、污垢或碎屑。

(2)各工作場所內的走道及階梯，至少每日清掃一次，並採用適當方法減少灰塵的飛揚。

(3)各工作場所內，嚴禁隨地吐痰。

(4)飲用水必須清潔。

(5)洗手間、更衣室及其他衛生設施，必須保持清潔。

(6)排水溝應經常清除污穢，保持清潔暢通。

(7)凡可能寄生傳染菌的原料，應於使用前適當消毒。

(8)凡可能產生有礙衛生的氣體、灰塵、粉末，應做如下處理：

①採用適當方法減少有害物質的產生；

②使用密閉器具以防止有害物質的散發；

③在產生此項有害物的最近處，按其性質分別做凝結、沉澱、吸引或排除等處置。

(9)各工作場所的窗戶及照明器具的透光部份，均須保持清潔。

(10)食堂及廚房的一切用具，均須保持清潔衛生。

(11)垃圾、廢棄物、汙物的清除，應符合衛生要求，放置於指定的範圍內。

第 6 條：保潔人員工作要求

(1)安排保潔時間先於工作時間，保潔工作在上班前完成，不能影響公司員工正常工作。

(2)保潔員出入公司各個場所，嚴禁發生偷竊行為。

(3)按照保潔時間表做好日常保潔工作。

(4)保潔員請假要事先申請並獲准後才予以離開，否則不潔責任由其承擔。

(5)保潔員與員工禮貌相待，互相尊重。

第 7 條：員工清潔衛生要求

(1)公司員工尊重保潔員的辛勤勞動，不得有侮辱之行為、言論。

(2)公司員工須圓滿完成包乾區域的清潔衛生。

(3)不亂倒飯、菜、茶渣，防止堵塞管道，污濁外流。

(4)不要在廁所亂扔手紙、雜物。

(5)不隨地吐痰，不在辦公室吸煙。

(6)員工自身整潔乾淨。

(7)積極完成衛生值日工作。

(8)積極參加突擊性衛生清除工作。

第 3 章　辦公環境清潔衛生管理

第 8 條：辦公環境是公司員工進行日常工作的區域，辦公區內辦公桌、文件櫃由使用人負責日常的衛生清理和管理工作，其他區域由物業保潔人員負責打掃，行政部負責檢查監督辦公區環境衛生。

第 9 條：辦公區域內的辦公傢俱及有關設備不得私自挪動，辦公傢俱確因工作需要挪動時必須經行政部的同意，並做統籌安排。

第 10 條：辦公區域內應保持安靜，不得喧嘩，不准在辦公區域內吸煙和就餐；辦公區域內不得擺放雜物。

第 11 條：非本公司人員進入辦公區，需由前台秘書引見，並通知相關人員前來迎接。

第 12 條：行政部負責組織相關人員在每週五對辦公區域的衛生和秩序進行檢查，並於下週一例會上公佈檢查結果。其檢查結果作為部門績效考核的參考因素之一。

第 4 章　公共區域清潔衛生管理

第 13 條：公共區域的環境衛生是指清潔走廊、電梯間、樓層服務台、工作間、消毒間、樓梯等。

第 14 條：走廊衛生工作包括走廊地毯、走廊地面和走廊兩側的防火器材、報警器等。

第 15 條：電梯間是客人等候電梯的場所，也是客人接觸樓面的第一場所，必須保持清潔、明亮。

第 16 條：樓層服務台衛生是一個樓層各種工作好壞的外在表現，必須保持服務台面的整潔，整理好各種用具，並保持整個服務台週圍的清潔整齊。

第 17 條：工作間是物品存放的地方，各種物品要分類擺放，保持整齊、安全。

第 18 條：防火樓梯要保持暢通且乾淨。

第 19 條：消毒間是樓層服務員刷洗各種玻璃和器皿的地方，這裏的衛生工作包括地面衛生、箱櫥衛生和池內外衛生以及熱水器擦拭等。

第 5 章　更衣室清潔

第 20 條：清潔地面，包括掃地、拖地、擦抹牆腳、清潔衛生死角。

第 21 條：清潔浴室，包括擦洗地面的牆身(特別是磚縫位置)，清潔門、牆和洗手池。

第 22 條：清潔員工洗手間。

第 23 條：清潔衣櫃的櫃頂、櫃身。

第 24 條：清潔室內衛生，包括用抹布清潔窗台、消防栓、消防箱及器材，打掃天花板，清潔冷氣機出風口，傾倒垃圾等工作。

第 6 章　衛生間清潔

第 25 條：衛生間清潔工作應自上而下進行。

第 26 條：水中要放入一定量的清潔劑。

第 27 條：隨時清除垃圾雜物。

第 28 條：用除漬劑清除地膠墊和下水道口，清潔缸圈上的污垢和漬垢。

第 29 條：保持鏡面的清潔。

第 30 條：用清水洗淨水箱，並用專用的抹布擦乾。煙缸上如有汙漬，可用海綿塊蘸少許除汙劑清潔。

第 31 條：清潔臉盆和化妝台，如有物品放在台上，應小心移開，台面擦淨後仍將其復原。

第 32 條：用中性清潔劑清潔座廁水箱、座沿蓋子及外側底座等。

第 33 條：用座廁刷清洗座廁內部並用清水沖淨，確保座面四週清潔無汙物。

第 7 章　附則

第 34 條：本制度由行政部解釋、補充，經公司總經理批准頒行。

四、環境綠化管理制度

第 1 章　總則

第 1 條：目的

為美化公司工作、生產環境，塑造公司良好的外在形象，特制定本制度。

第 2 條：管理範圍

(1)公司區域範圍內的綠化區域。

(2)被當地社區劃定為公司負責的綠化區域。

第 2 章　崗位職責

第 3 條：綠化負責人崗位職責

(1)做好公司綠化、美化及管理工作。

(2)管理制度健全，崗位職責明確；職工對崗位職責和管理制度掌握準確；無違章違紀現象。

(3)按照企業綠化基本要求，做好年度綠化計劃，並組織所屬人員認真落實。

(4)定期完成自查，自查有記錄。

(5)落實防火、防盜、防病蟲害、防操作事故等安全保障措施。

(6)熟悉安全知識，能及時消除安全隱患，避免任何人身及意外事故發生；能處理工作中遇到的簡單技術問題。

(7)督促所屬人員做到定期除草、施肥、澆水及病蟲害防治工作，確保綠化的成活率，做到草坪內無雜草、樹木無枯枝。

(8)負責會議室、辦公室等公共場所擺放觀賞植物，並做好養護工作，認真執行花木損壞賠償制度。

(9)監督所有相關人員對工具的保養和維修工作，物品管理調配井然有序，熟悉和掌握設備操作規範和設施、設備維修保養技術。

(10)設施、設備定期檢查檢修，無丟失，無人為損壞，無人為原因致使設施、設備提前報廢。

(11)嚴格控制綠化管理成本。費用開支有計劃，債權債務及時清理。合理開支，無違章支出現象。

(12)負責全公司綠化管理工作及綠化區域劃分、檢查、監督工作，及時發現並處理包乾區域的綠化問題。關心公物損壞情況，特別是綠化管道、各處上下水等情況，發現異常，及時向行政部報告。

(13)對工作服及勞保用品做好發放、登記、回收工作。

第 4 條：綠化工作人員崗位職責

(1)落實綠化目標管理責任制，認真執行綠化工作規範。

(2)管理好企業內各種花草、樹木、綠籬，對有意破壞綠化者，有權進行批評教育甚至賠償罰款。

(3)定期澆水、施肥、除草、滅蟲、剪枝等，確保綠化的成活率，做到草坪內無雜草、樹木無枯枝。

(4)加強對綠化工具的保養和維修工作，熟悉和掌握設備操作規範和設施、設備維修保養技術。設施、設備定期檢查檢修，無丟失，無人為損壞，無人為原因致使設施、設備提前報廢。

(5)做好滅四害工作，不定期噴灑滅蠅、滅蚊藥水和施放鼠藥。

(6)每天下班前必須把自己的綠化工具清洗乾淨，保存在倉庫，並由有關人員做好回收記錄。如果有遺失的工具，由本人按價賠償。

(7)對各自區域內的公共設施，明暗下水道等經常注意觀察，有異常情況立即上報。

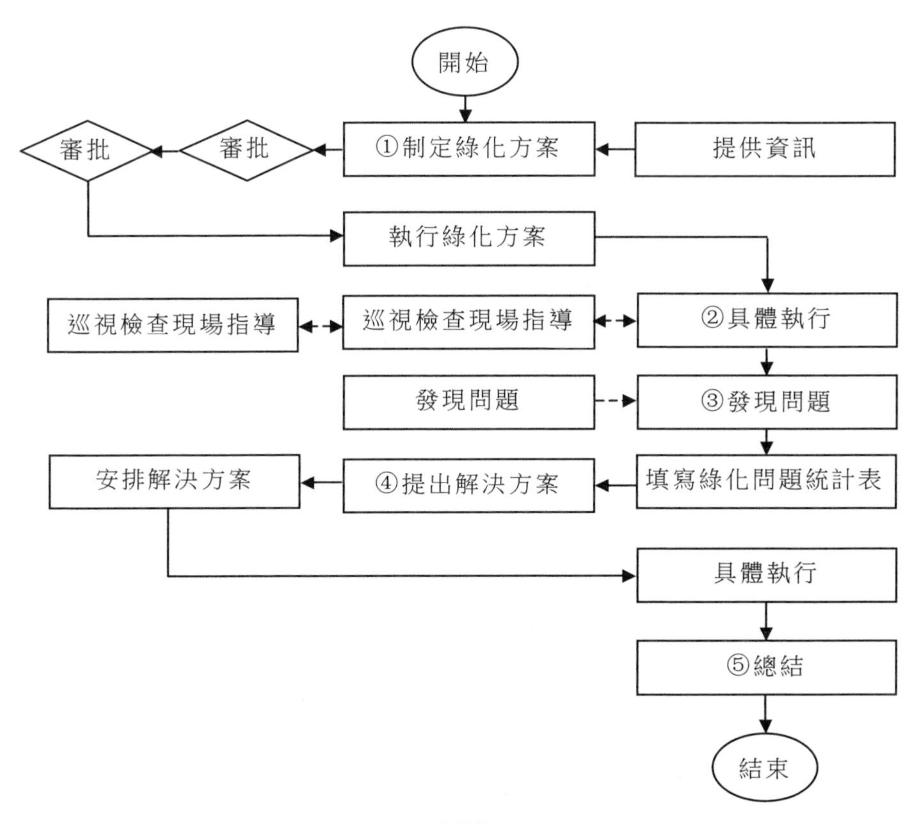

第 3 章　環境綠化管理規定

第 5 條：基本管理規定

(1)公司在必要時劃撥一定的綠化專款用於公司的綠化養護與管理。

(2)綠化列入公司精神建設項目和內容。

(3)公司員工都有權利和義務管理、愛護花草、樹木。

(4)不准攀折花木或在樹上晾曬衣物等。

(5)不得損壞花木的保護設施。

(6)不准私自摘拿花果。

(7)不准行人和各種車輛跨越、踐踏綠化地。

(8)不准往綠化地倒污水或扔雜物。

(9)不准在綠化範圍內堆放任何物品。

(10)未經許可，不准在樹木上及綠化帶內設置看板。

(11)凡人為造成綠化、花木及設施損壞的，進行罰款處理。

(12)凡由公司負責綠化，應及時檢查記錄報告綠化情況，給花草樹木定期培土、施肥、治蟲害、修剪枝葉、澆水等。

(13)公司綠化列入社區綠化總體規劃範圍。

(14)公司有必要時可專門聘用園藝工人或外聘園藝公司，承擔綠化管理工作。

(15)公司對外聘園藝公司進行綠化工作品質進行評價，可填寫《供方服務品質檢查評價表》(見下表)。

表 10-2-4　供方服務品質檢查評價表

供方名稱		服務日期	
服務項目		服務地點	
評價記錄	評價人　　　　　　日期		
管理處綠化負責人評定意見	簽字　　　　　　日期		
管理處經理意見	簽字　　　　　　日期		

第 6 條：綠化地保養

(1)保持地表平整，土均勻細緻；無廢紙、無雜物、無磚頭瓦礫，綠化垃圾當天清除。

(2)草苗栽種整齊，能覆蓋地表，無缺苗斷壟。

(3)本公司園藝要每月用旋刀剪草地一次，每季施肥一次，入秋後禁止剪割。

(4)草坪及時修剪、澆水、施肥。春、夏季的草地每週剪二次，長度一般控制在 20 毫米，冬季每週或隔週剪草一次，當月培土一次，隔月疏草一次，隔週澆水、施肥一次，隔週施綠寶一次。

(5)割草前應檢查機具是否正常，刀具是否鋒利。滾桶剪每半月磨合一次，每季將折底刀打磨一次，圓盤剪每次剪草須磨刀 3 把，每剪 15 分鐘換刀一把。

(6)草地修剪應交替採用橫、豎、轉方法割草，防止轉彎位置局部草地受損過大，割草時行間疊合在 40%～50%，防止漏割。

(7)避免汽油機漏油於草地，造成塊狀死草；注意起動汽墊機，停止時避免機身傾斜，防止草地起餅狀黃印；注意勿剪斷電機拖線，避免發生事故。

(8)工作完畢後，要清掃草地，並做好清洗機具和抹油等保養工作。

(9)綠地養護品質的檢查。

①養護工作每次完成後由實施作業負責人填寫《綠地養護工作記錄表》(見下表)，並由管理處專人核實後簽字確認。

表 10-2-5　綠地養護工作記錄表

項目	1	2	3	4	5	6	…
天氣							
溫度							
草坪	澆水	冷季型草					
		暖季型草					
	修剪	冷季型草					
		暖季型草					
	除草						
	施肥	冷季型草					
		暖季型草					
	噴藥						
	切邊						
喬灌木	澆灌						
	排水						
	中耕						
	除草						
	施肥						
	修剪	喬木					
		灌木					
		綠籬					
		藤本					

續表

喬灌木	噴藥					
	枯木挖除、補種					
花壇	澆水					
	排水					
	噴藥					
	清除殘枝、垃圾					
花境	修剪					
	噴藥					
	除草					
主管確認						
備註						

②領班每週要檢查綠地養護工作，並將結果記錄於《綠地養護品質巡查表》(見下表)相應欄中。

表 10-2-6　綠地養護品質巡查表

巡查內容	標準	檢查情況	整改情況
草坪養護	按計劃修剪，保持草坪平整整潔，修剪高度為 6 釐米		
除草	一季至少除草兩次，達到立姿目視無雜草		
修剪	花、灌木、綠籬等保持整潔及良好的形狀和長勢		
防病蟲害	發現病蟲及時噴藥防範		
抗旱排澇	高溫時，澆水時間安排在早晨或晚上；雨季時，及時做好排澇工作		
防台、防汛工作	颱風未到時，檢查養護範圍的情況，發現險情及時修剪、加固；在颱風到來時，加強值班，及時處理在颱風中所發生的各種情況		

③綠化負責人每月對轄區內的綠地養護情況進行一次檢查，並將檢查結果記錄於《綠地養護品質巡查表》中。

④每月由養護部門填寫《供方服務品質檢查評價表》，並交管理處經理填寫評定意見。

第7條：樹木花卉綠化保養

(1)按生長習性定期完成灌溉、施肥、修剪，枯枝死杈及時處理，保持樹冠美觀整潔、層次分明。

(2)爬藤植物及時牽引、上架，無雜草和植物同生同爬現象。

(3)花壇內花苗長勢良好，不倒伏，花期正常，一年四季均有花苗生長或開放，花壇內無雜草生長。

(4)盆花擺放整齊、造型美觀、花色協調；殘花及時更換。

(5)科學施肥。施肥時間宜在二、三兩個月份。

(6)合理澆水。樹木葉面水分蒸發量大，尤其是夏季，因此必須進行人工澆水。水質以河、湖水最好。澆水宜在早晚，澆灌時要注意不讓樹木生長處或樹穴中積水，以免根系窒息而死。

(7)鬆土除草。雜草與樹木爭奪養分，而且影響環境美觀，在鬆土時應將雜草除掉，這有利於消滅蟲蛹，防止病蟲災害。

第8條：盆景綠化保養

(1)本公司所有石山盆景統一掛鐵牌、編號並拍照入冊，做到盆景、名稱、編號牌、照片對號存檔，確保妥善管理。

(2)新壇(新製作上盆)盆景及時編號並拍照入冊，出現損失及時報告、存檔備查(並應有管理者、領班、經理共同簽名確認)。

(3)室內換盆景每次出入應登記編號並註明擺放起止時間、地點及生長狀態。

(4)所有盆景每年應全面盤點，由主管、領班及保管者盤點後共同簽名交部門存檔備案。

第 9 條：綠化標識檔案管理

(1)綠化管理人員應對所管轄的綠地內喬、灌木、草坪作統一標識，標識由公司統一製作「單株喬、灌木標牌」和「叢植綠籬、花壇、花境、草坪標牌」。綠化管理人員應標明植物名稱、編號、生態習性、種植日期等欄目內容，並根據管理區域內的實際綠化情況予以佈置。

(2)綠化管理人員對植物綠化檔案應及時登記填寫《綠化檔案登記表》(見下表)，並彙編存檔。

表 10-2-7　綠化檔案登記表

綠化等級：　　　　　　　　總面積：　　　　　　　　NO.

名稱：		編號：			日期：	
生長狀況記錄				養護措施記錄		
面積 (平方釐米)	株高 (釐米)	樹徑 (釐米)	冠徑 (釐米)	澆水、施肥 (名稱)	噴藥 (名稱)	修剪

製表：　　　　　　　　　　　　　　　　　　　　日期：

第 10 條：其他綠化相關工作

(1)每月進行一次消滅蒼蠅、蚊子、老鼠、蟑螂四害工作。

(2)注意愛護綠化工具，存放要整齊有序，嚴禁亂丟亂放。

(3)遇到所負責區域內的水電線路問題、損壞公物或其他突發事故必須及時報告，儘早處理，消除隱患。

(4)遇到水龍頭、綠化管道損壞時，必須及時報維修組(如遇晚上、節假日水龍頭壞，要及時關閉總閥)。

(5)工作時間外出或離崗時要向綠化主管請假，企業有各類活動或安排時，要聽從行政部統一調配。

第4章　附則

第11條：本制度由行政部門解釋、補充，經公司總經理批准頒行。

五、文化中心管理制度

第1章　總則

第1條：目的

為切實加強對本公司文化中心的使用管理、規範服務，更好地為公司各類會議會務和文化活動以及外部機構提供服務，特制定本制度。

第2條：服務對象

(1)本企業員工及其家屬。

(2)經行政部批准的外部其他機構與個人。

第3條：管理部門

公司行政部。

第2章　管理規定

第4條：安全管理規定

(1)文化中心配備保安人員3名，負責場館及設施的安全保衛工作。

(2)凡在文化中心舉行大型集會、文藝演出和電影放映等活動，按「誰主辦誰負責」的原則，由主辦單位組織門衛和糾察力量負責做好場地安全和維護秩序工作。

(3)活動主辦單位要認真組織觀眾、聽眾有秩序出入會場，維持好公共秩序，妥善處理群眾糾紛，制止衝擊門窗、翻越座位、尋釁鬧事、打架鬥毆、損壞公物和攜帶易燃、易爆物品及危險品入場，如遇突發事件，要迅速組織群眾安全疏散撤離，以防止意外事故發生。

(4)要維護文化中心的防火設施和電器設備，在每次活動結束後，要督促有關人員進行清場、切斷電源、關好門窗和水龍頭，以防止火災和盜竊事件發生。

(5)除保安人員住守場館外，其他任何人未經批准，不得擅自住宿文化中心。

第 5 條：衛生管理規定

(1)禁止吸煙，不隨地吐痰、亂丟果皮紙屑。

(2)保持地面乾淨，無雜物、無污漬、無積水，保持門窗清潔明亮，牆面無灰塵、無蜘蛛網。

(3)牆面嚴禁亂寫、亂畫、亂貼，不得亂釘、亂掛雜物。

(4)保持衛生間衛生、清潔、空氣清新無異味。

(5)定期殺滅蚊蠅，消滅鼠害。

(6)衛生清理要有計劃安排進行，觀眾廳衛生每週要徹底清掃一次，活動前後打掃衛生要及時、徹底、全面、不留死角。

第 6 條：使用規定

(1)來文化中心活動的人員服從管理人員的統一安排，統一管理。

(2)堅持正確的娛樂，健康的娛樂方式，堅決抵制不良娛樂行為及帶有封建迷信色彩的活動。

(3)遵紀守法，愛護公共設施，不得擅自拿出、搬動或更換活動室內器具、物品。

(4)保持優美的活動環境，共同創造舒適、愉快的活動氣氛。

(5)自覺維護文化中心的環境衛生。

(6)團結禮讓，互相尊敬，讓每一位來此活動的群眾都能感受到像家一樣的溫馨。

(7)在活動中不要大聲喧嘩，保持活動場所的乾淨、整潔；活動後應做好保潔和衛生物品的交接手續。

(8)對於不聽勸阻的流竄人員擾亂活動秩序的行為，人人有權制止，必要時報告有關部門處理。

(9)嚴禁攜帶幼兒入內玩耍打鬧，不得高聲喧嘩，保持樓內安靜。

(10)注意防火安全，嚴禁在場館內使用明火、吸煙，嚴禁私自動用消防設施。

六、公司鑰匙管理方案

1. 目的

為保證辦公場所物品的安全，特制定本辦法。

2. 公司鑰匙管理情況

⑴總公司鑰匙由行政部統籌管理、複製，部門鑰匙由部門負責人管理。

⑵總公司大門鑰匙分配 4 把，各部門大門鑰匙分配 2 把。

⑶如因公需使用鑰匙，須向保管人說明使用目的，用畢後應立即歸還。

⑷部門負責人負責管理鑰匙的使用，不得任意複製或允許同仁借予他人使用，否則負連帶賠償任。

⑸辦公場所的桌、抽屜等鑰匙應由行政部、部門由部門負責人統一保管一套，並依類保管，以急需。

3. 公司鑰匙保管要求

鑰匙保管人應遵守下列條件，否則所受損失由保管人負擔責任，並視情節輕重論處或依法查辦。

⑴離職時應將鑰匙繳交行政部負責人。

⑵鑰匙遺失時，應立即向管理單位報告。

⑶非經管理單位同意不得複製。

⑷不能任意借予外人使用。

七、公司綠化養護方案

1. 日常養護方法

⑴澆水

植物生長離不開水，但各種植物對水的需要量不同，不同的季節對水的需要量也不一樣，所以要根據具體情況靈活掌握，做好澆水工作。

①根據氣候條件決定澆水量

在陰雨連綿的天氣，空氣濕度大，可不澆水。

夏季陽光猛烈，氣溫高，水分蒸發快，消耗水分較多，應增加澆水次數和分量。

入秋後光照減弱，水分蒸發少，可少澆水。

半蔭環境可少澆水。

②根據品種或生長期來決定澆水量

旱生植物需要水分少，深根性植物抗旱性強，可少澆水。

蔭生植物需要水分多，淺根性植物不耐旱，要多澆水。

生長期長的植物生長緩慢，需要水分少，可少澆或不澆水。

上述澆水量和澆水次數確定的原則是：以水分浸潤根系分佈層

和保持土壤濕潤為宜。如果土壤水分過多，土壤透氣性差，會抑制根系的生長。

⑵施肥

園林綠地栽植的樹木花草種類很多，有觀花、觀葉、觀姿、觀果等植物，又有喬木、灌木之分，對養分的要求也不同。

①行道樹、遮蔭樹，以觀枝葉、觀姿為主，可施氮肥，促進生長旺盛，枝葉繁茂，葉色濃綠。

②觀花觀果植物，花前施氮肥為主，促進枝葉生長，為開花打基礎；花芽形成，施磷鉀肥，以磷肥為主。

③樹木生長旺盛期，需要較多的養分，氮磷鉀肥都需要，但還是以施氮肥為主。樹木生長後期應施磷鉀肥，促進枝條、組織木質化而安全越冬。

④肥料分為無機肥和有機肥兩種。堆肥、廄肥、人糞是有機肥、遲效肥。化學肥料屬無機肥、速效肥。園林綠地由於環境條件限制，有機肥多用作基肥，少用或不用於施肥。速效肥料易被根系吸收，常用作追肥使用，在需要施用前幾天施用。遲效肥，放入土壤後，需要經過一段時間，才能為根系吸收，須提早 2～3 個月施用。

⑶整形、修剪

①整形修剪是園林栽培過程中一項重要的養護措施，樹木的形態、觀賞效果、生長、開花結果等方面，都需要通過整形修剪來解決或調節。

②樹木修剪要根據樹木的習性及長勢而定，主幹強的宜保留主幹，採用塔形、圓錐形整形；主幹長勢弱的，易形成叢狀樹冠，可修剪成圓球形、半圓球形或自然開心形，此外還應考慮所栽植地環境組景的需要。整形修剪的方式很多，應根據樹木分枝的習性，觀賞功能的需要，以及自然條件等因素來考慮。

③整形修剪方式

自然式修剪：各種樹木都有一定的樹形，保持樹木原有的自然生長狀態，能體現園林的自然美，稱為自然修剪。

人工式修剪：按照園林觀賞的需要，將樹冠剪成各種特定的形式，如多層式、螺旋式、半圓式或倒圓式，單幹、雙幹、曲幹、懸垂等。

自然式和人工混合式：在樹冠自然式的基礎上加以人工塑造，以符合人們觀賞的需要，如杯狀、開心形、頭狀形、叢生狀等。

④整形修剪時間

休眠期修剪：落葉樹種，從落葉開始至春季萌發前修剪，稱為休眠期修剪或冬季修剪。這段時間樹林生長停滯，樹體內養分大部份回歸發根部，修剪後營養損失最小，且傷口不易被細茵感染腐爛，對樹木生長影響最小。

生長期修剪：在生長期內進行修剪，稱為生長期修剪或夏季修剪，常綠樹沒有明顯的休眠期，冬季修剪傷口不易癒合，易受凍害，故一般在夏季修剪。

⑷除草、鬆土

①除草是將樹冠下(綠化帶)非人為種植的草類清除，面積大小根據需要而定，以減少草樹爭奪土壤中的水分、養分，有利於樹木生長；同時除草可減少病蟲害發生，消除了病蟲害的潛伏處。

②鬆土是把土壤表面鬆動，使之疏鬆透氣，達到保水、透氣、增溫的目的。

⑸防治病蟲害

①花木在生長過程中都會遭到多種自然災害的危害，其中病蟲害尤為普遍和嚴重，輕者使植株生長發育不良，從而降低觀賞價值，影響園林景觀。嚴重者引起品種退化，植株死亡，降低綠地的品質

和綠化的功能。

②病蟲害防治，應貫徹「預防為主、綜合防治」的基本原則。預防為主，就是根據病蟲害發生規律，採取有效的措施，在病蟲害發生前，予以有效地控制。綜合防治，是充分利用抑制病蟲害的多種因素，創造不利於病蟲害發生和危害的條件，有機地採取各種必要的防治措施。

③藥劑防治是防治病蟲害的主要措施，科學用藥是提高防治效果的重要保證。

對症下藥：根據防治的對象、藥劑性能和使用方法，對症下藥，進行有效的防治。

適時施藥：注意觀察和掌握病蟲害的規律適時施藥，以取得良好的防治效果。

交替用藥：長期使用單一藥劑，容易引起病原和害蟲的抗藥性，從而降低防治的效果，因而各種類型的藥要交替使用。

安全用藥：嚴格掌握各種藥劑的使用濃度，控制用藥量，防止產生藥害。

2.日常養護要求

⑴同一品種的花卉，集中培育，不要亂擺亂放。

⑵要分清陽性植物和陰性植物，陽性植物可以終日曝曬，而陰性植物只能是在早晨、傍晚接受陽光照射。

⑶根據盆栽花卉的植株大小、高矮和長勢的優劣分別放置，採取不同的措施進行管理。

⑷不同的花木用不同的淋水工具淋水。剛播下的種和幼苗用細孔花壺淋，中苗用粗孔壺淋，大的、木質化的花木用管套水龍頭淋。淋水時要注重保護花木，避免沖倒沖斜植株，沖走盆泥。

⑸淋水量要根據季節、天氣、花卉品種而定。夏季多淋，晴天

多淋，陰天少淋，雨天不淋；乾燥天氣多淋，潮濕天氣少淋或不淋；抗旱性強的品種少淋，喜濕性的品種多淋。

⑹住宅樓內陰性植物每星期必須澆水兩次，住宅樓外陰性植物除雨天、陰天外，每天早晨須澆水一次(含綠化帶、草坪、樹木)，如遇暴曬天氣，每天下午須再澆水一次。花圃內的陰性植物由於受到紗網的遮陰每天早上澆水一次即可(雨天除外)；花圃內的陽性植物每天早晨澆水一次(雨天除外)，如遇暴曬天氣，每天下午須再澆水一次。

⑺除草要及時，做到「除早、除小、除了」，不要讓雜草擠壓花卉，同花卉爭光、爭水、爭肥。樹叢下、綠化帶裏、草坪上的雜草每半個月除一次，花圃內的雜草每星期除一次，花盆內的雜草每 3 天除一次，並且要清除乾淨。

⑻結合除草進行鬆土和施肥。施肥要貫徹「勤施、薄施」的原則，避免肥料過高造成肥害。花木每季鬆土和施肥一次，施肥視植株的大小，每株穴施複合肥 2～4 兩，施後覆土淋水。

⑼草坪要經常軋剪，每月須軋剪一次，草高度控制在 5 釐米以下，每季施肥一次，每畝撒施複合肥 5～10 公斤，施後淋水或雨後施用。

⑽綠化帶和 2 米以下的花木，每半個月修枝整形一次。

⑾保持花卉正常生長與葉子清潔，每星期擦拭葉上灰塵一次。

⑿發現病蟲害要及時採取有效措施防治，不要讓其蔓延擴大。噴藥時，在沒有掌握適度的藥劑濃度之前，要先行小量噴施試驗後，才大量施用，既做到除病滅蟲又保證花卉生長不受害。噴藥時要按規程進行，保證人和花的安全。

⒀綠化帶每 3 天殺蟲一次；花圃、花盆、花壇每半月殺蟲一次；樹木、草坪每月殺蟲一次。

八、公司餐卡管理方案

1. 辦卡

⑴在職的員工由公司統一辦理餐卡，每人限辦一張，不收管理費；公司外部人員可憑本人身份證辦卡，每次收加錢額的 13%作為伙食管理費。

⑵新辦理就餐卡或者原卡丟失、損壞需重新辦理就餐卡者，收卡費 10 元。

2. 退卡

⑴退卡須憑本人證件辦理餐卡註銷退夥手續；不辦理者，餐飲中心有權將該餐卡註銷。

⑵辦理退夥手續時，只退餐費，不退卡費。

3. 掛失、解掛

⑴餐卡丟失，憑本人證件到餐卡室辦理掛失。

⑵餐卡找到後憑本人證件到餐卡室解除掛失。

⑶辦理時間為每週一至週五 6：30～22：15。

4. 加錢處

⑴員工食堂：每週一至週五 11：00～13：00 可辦理。

⑵餐卡管理室：每週一至週五 10：00～13：00 和 15：30～18：30 可辦理。

使用餐卡只限本人使用，不得轉借他人。

請各部門對此項活動給予大力支持，以確保其順利開展。

第三節　員工餐廳外包管理工作標準

一、員工餐廳外包管理流程

表 10-3-1　員工餐廳外包管理流程

工作標準	具體說明	相關工具
餐廳外包招標	⑴根據員工餐廳外包文件，編製員工餐廳外包招標書　將招標書提交上級審批	・員工餐廳外包招標書 ・員工餐廳管理制度
外包商確定	⑴選取兩家以上參與投標且較能滿足企業招標要求的外包商進行調查 ⑵調查內容包括外包商的餐廳外包經驗、能力、所外包餐廳的衛生及飯菜品質、外包企業就餐員工的滿意度、外包商目前承包的合約條款等	・投標書 ・外包商調查表 ・中標通知 ・外包商目前承包的合約影本
外包試行	⑴行政部與外包商擬訂餐廳外包試行合約 ⑵將餐廳外包試行合約交主管審批，並確定外包日期 ⑶對外包商的外包品質進行評估 ⑷評估內容包括企業就餐員工的滿意度、食品來源、加工與製作過程、廚房工作人員衛生標準、餐廳清潔衛生狀況等 ⑸根據外包商試行外包的品質評估，編製外包商試行評估報告	・餐廳外包試行合約 ・外包商試行評估報告 ・員工餐廳管理制度
外包管理	⑴透過外包試行後，企業與外包商簽訂正式的餐廳外包合約 ⑵正式合約內容與試行合約內容基本一致，只需對某些細節給予補充或更改 ⑶不定期對外包商的外包品質進行監督，以保障企業員工利益	・餐廳外包合約 ・員工餐廳管理制度

二、員工食堂委託經營合約範本

XX 公司(以下簡稱「甲方」)與 XX 公司(以下簡稱「乙方」)就食堂委託經營事宜簽訂以下合約。

一、為向甲方職工提供物美價廉的伙食，甲方委託乙方代為經營管理甲方所屬食堂。

二、甲方向乙方無償提供食堂經營所必要的設施、場地、器物。

三、各種經費的負擔劃分。

1. 甲方負擔：食堂設施費、食堂備用品費、水、電、暖氣費和消費品費。

2. 乙方負擔：勞務費、材料費及相應雜費、保健衛生費、交通費、電話費(限於長途電話)和營業費。

四、由乙方印製餐券，甲方職工憑餐券就餐。餐券由甲方銷售。

五、乙方將回收的餐券提交給甲方，甲方於每月 10 日向乙方支付等額現金。

六、乙方以週為單位確定食譜。食譜的制定應以職工飲食調查結果為依據，並需經甲方總務科審查。

七、乙方向甲方職工提供的三餐價格為：早餐 X 元，中餐 X 元，晚餐 X 元。

八、乙方向甲方職工的供餐時間為：早餐 X 時 X 分至 X 時 X 分；中餐 X 時 X 分至 X 時 X 分；晚餐 X 時 X 分至 X 時 X 分。

九、乙方在變更食品種類、品質、份量規格、價格及供餐時間時，必須徵得甲方同意。

十、甲方對乙方的供餐內容、服務態度和供餐業務負有監督責任。

十一、乙方更換食堂經營人時，必須向甲方提交經營人的履歷表。

十二、乙方應妥善管理各類設施。因乙方責任造成有關設施損壞時，應依甲方要求，賠償損失。

十三、乙方應努力保持環境衛生、食品衛生和從業人員個人衛生，並依甲方要求，定期進行從業人員體檢。

十四、因乙方供餐不衛生造成甲方職工食物中毒或患病時，由乙方負責。

十五、乙方負責與政府相關機構的事務處理。

十六、乙方每月向甲方提交損益計算表。應甲方要求，乙方有義務向甲方提交財務賬簿。

十七、本合約的有效期為自簽訂日起 1 年以內。變更合約或解除合約，需在合約期滿 2 個月前提出。本合約期滿後，如雙方均未提出變更合約或解除合約，則本合約在原有條件下延期 1 年。

十八、當雙方解除合約時，乙方應迅速撤除屬乙方所有的物品，歸還屬甲方所有的物品。有關費用由乙方負擔。

十九、乙方有義務保持甲方有關規章制度等方面的秘密。

二十、因乙方工作失誤，不能為甲方職工提供餐食時，乙方必須採取有效措施，做好善後處理。

二十一、發生本合約外未規定事項時，雙方應以誠意協商解決。

二十二、本合約自 XXXX 年 XX 月 XX 日供餐開始日正式生效。本合約一式兩份，甲乙雙方各存一份。

甲方名稱：	乙方名稱：
地址：	地址：
年　月　日	年　月　日

表 10-3-2　食堂承包商調查表

調查人：　　　　　　　　　　總務部負責人：

承包商名稱				責任人	
承包公司地址				公司人數	
承辦用餐人數		聯繫電話		調查日期	
調查狀況(評分)	10 分	7.5 分	5 分	2.5 分	0 分
1. 食堂衛生狀況					
2. 飯菜品質(可口度)					
3. 菜的份量及品種					
4. 食堂人員的衣著					
5. 食堂人員服務態度					
6. 員工滿意度					
7. 該公司總務人對承包商的評價					
8. 廚工對老闆的意見					
9. 承包商的採購與貯存管制					
10. 承包公司對承包商的監督工作					
調查人備註事項					

心得欄 ------------------------------------

臺灣的核心競爭力，就在這裏！

圖書出版目錄

下列圖書是由臺灣憲業企管顧問（集團）公司所出版，以專業立場，為企業界提供最專業的各種經營管理類圖書。

1.傳播書香社會，直接向本出版社購買，一律 9 折優惠，郵遞費用由本公司負擔。服務電話(02)27622241　(03)9310960　　傳真(03)9310961

2.付款方式：請將書款轉帳到我公司下列的銀行帳戶。

・銀行名稱：合作金庫銀行（敦南分行）　帳號：**5034-717-347447**

公司名稱：憲業企管顧問有限公司

・郵局劃撥號碼：**18410591**　郵局劃撥戶名：憲業企管顧問公司

3.圖書出版資料隨時更新，請見網站　www.bookstore99.com

經營顧問叢書

13	營業管理高手（上）	一套
14	營業管理高手（下）	500 元
16	中國企業大勝敗	360 元
18	聯想電腦風雲錄	360 元
19	中國企業大競爭	360 元
21	搶灘中國	360 元
25	王永慶的經營管理	360 元
26	松下幸之助經營技巧	360 元
32	企業併購技巧	360 元
33	新產品上市行銷案例	360 元
46	營業部門管理手冊	360 元
47	營業部門推銷技巧	390 元
52	堅持一定成功	360 元
56	對準目標	360 元
58	大客戶行銷戰略	360 元
60	寶潔品牌操作手冊	360 元

72	傳銷致富	360 元
73	領導人才培訓遊戲	360 元
76	如何打造企業贏利模式	360 元
78	財務經理手冊	360 元
79	財務診斷技巧	360 元
80	內部控制實務	360 元
81	行銷管理制度化	360 元
82	財務管理制度化	360 元
83	人事管理制度化	360 元
84	總務管理制度化	360 元
85	生產管理制度化	360 元
86	企劃管理制度化	360 元
91	汽車販賣技巧大公開	360 元
97	企業收款管理	360 元
100	幹部決定執行力	360 元
106	提升領導力培訓遊戲	360 元

112	員工招聘技巧	360 元
113	員工績效考核技巧	360 元
114	職位分析與工作設計	360 元
116	新產品開發與銷售	400 元
122	熱愛工作	360 元
124	客戶無法拒絕的成交技巧	360 元
125	部門經營計劃工作	360 元
129	邁克爾・波特的戰略智慧	360 元
130	如何制定企業經營戰略	360 元
132	有效解決問題的溝通技巧	360 元
135	成敗關鍵的談判技巧	360 元
137	生產部門、行銷部門績效考核手冊	360 元
138	管理部門績效考核手冊	360 元
139	行銷機能診斷	360 元
140	企業如何節流	360 元
141	責任	360 元
142	企業接棒人	360 元
144	企業的外包操作管理	360 元
146	主管階層績效考核手冊	360 元
147	六步打造績效考核體系	360 元
148	六步打造培訓體系	360 元
149	展覽會行銷技巧	360 元
150	企業流程管理技巧	360 元
152	向西點軍校學管理	360 元
154	領導你的成功團隊	360 元
155	頂尖傳銷術	360 元
156	傳銷話術的奧妙	360 元
160	各部門編制預算工作	360 元
163	只為成功找方法，不為失敗找藉口	360 元
167	網路商店管理手冊	360 元
168	生氣不如爭氣	360 元
170	模仿就能成功	350 元
171	行銷部流程規範化管理	360 元
172	生產部流程規範化管理	360 元
176	每天進步一點點	350 元
181	速度是贏利關鍵	360 元
183	如何識別人才	360 元
184	找方法解決問題	360 元

185	不景氣時期，如何降低成本	360 元
186	營業管理疑難雜症與對策	360 元
187	廠商掌握零售賣場的竅門	360 元
188	推銷之神傳世技巧	360 元
189	企業經營案例解析	360 元
191	豐田汽車管理模式	360 元
192	企業執行力（技巧篇）	360 元
193	領導魅力	360 元
198	銷售說服技巧	360 元
199	促銷工具疑難雜症與對策	360 元
200	如何推動目標管理（第三版）	390 元
201	網路行銷技巧	360 元
202	企業併購案例精華	360 元
204	客戶服務部工作流程	360 元
206	如何鞏固客戶（增訂二版）	360 元
208	經濟大崩潰	360 元
209	鋪貨管理技巧	360 元
212	客戶抱怨處理手冊（增訂二版）	360 元
215	行銷計劃書的撰寫與執行	360 元
216	內部控制實務與案例	360 元
217	透視財務分析內幕	360 元
219	總經理如何管理公司	360 元
222	確保新產品銷售成功	360 元
223	品牌成功關鍵步驟	360 元
224	客戶服務部門績效量化指標	360 元
226	商業網站成功密碼	360 元
228	經營分析	360 元
229	產品經理手冊	360 元
230	診斷改善你的企業	360 元
231	經銷商管理手冊（增訂三版）	360 元
232	電子郵件成功技巧	360 元
233	喬・吉拉德銷售成功術	360 元
234	銷售通路管理實務〈增訂二版〉	360 元
235	求職面試一定成功	360 元
236	客戶管理操作實務〈增訂二版〉	360 元
237	總經理如何領導成功團隊	360 元
238	總經理如何熟悉財務控制	360 元
239	總經理如何靈活調動資金	360 元
240	有趣的生活經濟學	360 元

241	業務員經營轄區市場（增訂二版）	360 元
242	搜索引擎行銷	360 元
243	如何推動利潤中心制度（增訂二版）	360 元
244	經營智慧	360 元
245	企業危機應對實戰技巧	360 元
246	行銷總監工作指引	360 元
247	行銷總監實戰案例	360 元
248	企業戰略執行手冊	360 元
249	大客戶搖錢樹	360 元
250	企業經營計劃〈增訂二版〉	360 元
251	績效考核手冊	360 元
252	營業管理實務（增訂二版）	360 元
253	銷售部門績效考核量化指標	360 元
254	員工招聘操作手冊	360 元
255	總務部門重點工作（增訂二版）	360 元
256	有效溝通技巧	360 元
257	會議手冊	360 元
258	如何處理員工離職問題	360 元
259	提高工作效率	360 元
261	員工招聘性向測試方法	360 元
262	解決問題	360 元
263	微利時代制勝法寶	360 元
264	如何拿到 VC（風險投資）的錢	360 元
265	如何撰寫職位說明書	360 元
267	促銷管理實務〈增訂五版〉	360 元
268	顧客情報管理技巧	360 元
269	如何改善企業組織績效〈增訂二版〉	360 元
270	低調才是大智慧	360 元
272	主管必備的授權技巧	360 元
274	人力資源部流程規範化管理（增訂三版）	360 元
275	主管如何激勵部屬	360 元
276	輕鬆擁有幽默口才	360 元
277	各部門年度計劃工作（增訂二版）	360 元
278	面試主考官工作實務	360 元
279	總經理重點工作（增訂二版）	360 元
282	如何提高市場佔有率（增訂二版）	360 元
283	財務部流程規範化管理（增訂二版）	360 元
284	時間管理手冊	360 元
285	人事經理操作手冊（增訂二版）	360 元
286	贏得競爭優勢的模仿戰略	360 元
287	電話推銷培訓教材（增訂三版）	360 元
288	贏在細節管理（增訂二版）	360 元
289	企業識別系統 CIS（增訂二版）	360 元
290	部門主管手冊（增訂五版）	360 元
291	財務查帳技巧（增訂二版）	360 元
292	商業簡報技巧	360 元
293	業務員疑難雜症與對策（增訂二版）	360 元
294	內部控制規範手冊	360 元
295	哈佛領導力課程	360 元
296	如何診斷企業財務狀況	360 元
297	營業部轄區管理規範工具書	360 元
298	售後服務手冊	360 元
299	業績倍增的銷售技巧	400 元
300	行政部流程規範化管理（增訂二版）	400 元
301	如何撰寫商業計畫書	400 元

《商店叢書》

10	賣場管理	360 元
18	店員推銷技巧	360 元
30	特許連鎖業經營技巧	360 元
35	商店標準操作流程	360 元
36	商店導購口才專業培訓	360 元
37	速食店操作手冊〈增訂二版〉	360 元
38	網路商店創業手冊〈增訂二版〉	360 元
40	商店診斷實務	360 元
41	店鋪商品管理手冊	360 元
42	店員操作手冊（增訂三版）	360 元

43	如何撰寫連鎖業營運手冊〈增訂二版〉	360 元
44	店長如何提升業績〈增訂二版〉	360 元
45	向肯德基學習連鎖經營〈增訂二版〉	360 元
46	連鎖店督導師手冊	360 元
47	賣場如何經營會員制俱樂部	360 元
48	賣場銷量神奇交叉分析	360 元
49	商場促銷法寶	360 元
50	連鎖店操作手冊(增訂四版)	360 元
51	開店創業手冊〈增訂三版〉	360 元
52	店長操作手冊（增訂五版）	360 元
53	餐飲業工作規範	360 元
54	有效的店員銷售技巧	360 元
55	如何開創連鎖體系〈增訂三版〉	360 元
56	開一家穩賺不賠的網路商店	360 元
57	連鎖業開店複製流程	360 元
58	商鋪業績提升技巧	360 元
59	店員工作規範（增訂二版）	400 元

《工廠叢書》

5	品質管理標準流程	380 元
9	ISO 9000 管理實戰案例	380 元
10	生產管理制度化	360 元
11	ISO 認證必備手冊	380 元
12	生產設備管理	380 元
13	品管員操作手冊	380 元
15	工廠設備維護手冊	380 元
16	品管圈活動指南	380 元
17	品管圈推動實務	380 元
20	如何推動提案制度	380 元
24	六西格瑪管理手冊	380 元
30	生產績效診斷與評估	380 元
32	如何藉助 IE 提升業績	380 元
35	目視管理案例大全	380 元
38	目視管理操作技巧(增訂二版)	380 元
46	降低生產成本	380 元
47	物流配送績效管理	380 元
49	6S 管理必備手冊	380 元
51	透視流程改善技巧	380 元
55	企業標準化的創建與推動	380 元
56	精細化生產管理	380 元
57	品質管制手法〈增訂二版〉	380 元
58	如何改善生產績效〈增訂二版〉	380 元
63	生產主管操作手冊(增訂四版)	380 元
67	生產訂單管理步驟〈增訂二版〉	380 元
68	打造一流的生產作業廠區	380 元
70	如何控制不良品〈增訂二版〉	380 元
71	全面消除生產浪費	380 元
72	現場工程改善應用手冊	380 元
75	生產計劃的規劃與執行	380 元
77	確保新產品開發成功（增訂四版）	380 元
78	商品管理流程控制(增訂三版)	380 元
79	6S 管理運作技巧	380 元
80	工廠管理標準作業流程〈增訂二版〉	380 元
81	部門績效考核的量化管理（增訂五版）	380 元
82	採購管理實務〈增訂五版〉	380 元
83	品管部經理操作規範〈增訂二版〉	380 元
84	供應商管理手冊	380 元
85	採購管理工作細則〈增訂二版〉	380 元
86	如何管理倉庫（增訂七版）	380 元
87	物料管理控制實務〈增訂二版〉	380 元
88	豐田現場管理技巧	380 元
89	生產現場管理實戰案例〈增訂三版〉	380 元
90	如何推動 5S 管理（增訂五版）	420 元
91	採購談判與議價技巧	420 元

《醫學保健叢書》

1	9 週加強免疫能力	320 元
3	如何克服失眠	320 元
4	美麗肌膚有妙方	320 元
5	減肥瘦身一定成功	360 元
6	輕鬆懷孕手冊	360 元

7	育兒保健手冊	360 元
8	輕鬆坐月子	360 元
11	排毒養生方法	360 元
12	淨化血液　強化血管	360 元
13	排除體內毒素	360 元
14	排除便秘困擾	360 元
15	維生素保健全書	360 元
16	腎臟病患者的治療與保健	360 元
17	肝病患者的治療與保健	360 元
18	糖尿病患者的治療與保健	360 元
19	高血壓患者的治療與保健	360 元
22	給老爸老媽的保健全書	360 元
23	如何降低高血壓	360 元
24	如何治療糖尿病	360 元
25	如何降低膽固醇	360 元
26	人體器官使用說明書	360 元
27	這樣喝水最健康	360 元
28	輕鬆排毒方法	360 元
29	中醫養生手冊	360 元
30	孕婦手冊	360 元
31	育兒手冊	360 元
32	幾千年的中醫養生方法	360 元
34	糖尿病治療全書	360 元
35	活到 120 歲的飲食方法	360 元
36	7 天克服便秘	360 元
37	為長壽做準備	360 元
39	拒絕三高有方法	360 元
40	一定要懷孕	360 元
41	提高免疫力可抵抗癌症	360 元
42	生男生女有技巧〈增訂三版〉	360 元

《培訓叢書》

11	培訓師的現場培訓技巧	360 元
12	培訓師的演講技巧	360 元
14	解決問題能力的培訓技巧	360 元
15	戶外培訓活動實施技巧	360 元
16	提升團隊精神的培訓遊戲	360 元
17	針對部門主管的培訓遊戲	360 元
18	培訓師手冊	360 元
20	銷售部門培訓遊戲	360 元
21	培訓部門經理操作手冊（增訂三版）	360 元
22	企業培訓活動的破冰遊戲	360 元
23	培訓部門流程規範化管理	360 元
24	領導技巧培訓遊戲	360 元
25	企業培訓遊戲大全(增訂三版)	360 元
26	提升服務品質培訓遊戲	360 元
27	執行能力培訓遊戲	360 元
28	企業如何培訓內部講師	360 元

《傳銷叢書》

4	傳銷致富	360 元
5	傳銷培訓課程	360 元
7	快速建立傳銷團隊	360 元
10	頂尖傳銷術	360 元
11	傳銷話術的奧妙	360 元
12	現在輪到你成功	350 元
13	鑽石傳銷商培訓手冊	350 元
14	傳銷皇帝的激勵技巧	360 元
15	傳銷皇帝的溝通技巧	360 元
17	傳銷領袖	360 元
18	傳銷成功技巧（增訂四版）	360 元
19	傳銷分享會運作範例	360 元

《幼兒培育叢書》

1	如何培育傑出子女	360 元
2	培育財富子女	360 元
3	如何激發孩子的學習潛能	360 元
4	鼓勵孩子	360 元
5	別溺愛孩子	360 元
6	孩子考第一名	360 元
7	父母要如何與孩子溝通	360 元
8	父母要如何培養孩子的好習慣	360 元
9	父母要如何激發孩子學習潛能	360 元
10	如何讓孩子變得堅強自信	360 元

《成功叢書》

1	猶太富翁經商智慧	360 元
2	致富鑽石法則	360 元
3	發現財富密碼	360 元

《企業傳記叢書》

1	零售巨人沃爾瑪	360 元
2	大型企業失敗啟示錄	360 元

3	企業併購始祖洛克菲勒	360 元
4	透視戴爾經營技巧	360 元
5	亞馬遜網路書店傳奇	360 元
6	動物智慧的企業競爭啟示	320 元
7	CEO 拯救企業	360 元
8	世界首富　宜家王國	360 元
9	航空巨人波音傳奇	360 元
10	傳媒併購大亨	360 元

《智慧叢書》

1	禪的智慧	360 元
2	生活禪	360 元
3	易經的智慧	360 元
4	禪的管理大智慧	360 元
5	改變命運的人生智慧	360 元
6	如何吸取中庸智慧	360 元
7	如何吸取老子智慧	360 元
8	如何吸取易經智慧	360 元
9	經濟大崩潰	360 元
10	有趣的生活經濟學	360 元
11	低調才是大智慧	360 元

《DIY 叢書》

1	居家節約竅門 DIY	360 元
2	愛護汽車 DIY	360 元
3	現代居家風水 DIY	360 元
4	居家收納整理 DIY	360 元
5	廚房竅門 DIY	360 元
6	家庭裝修 DIY	360 元
7	省油大作戰	360 元

《財務管理叢書》

1	如何編制部門年度預算	360 元
2	財務查帳技巧	360 元
3	財務經理手冊	360 元
4	財務診斷技巧	360 元
5	內部控制實務	360 元
6	財務管理制度化	360 元
8	財務部流程規範化管理	360 元
9	如何推動利潤中心制度	360 元

分類

為方便讀者選購，本公司將一部分上述圖書又加以專門分類如下：

《企業制度叢書》

1	行銷管理制度化	360 元
2	財務管理制度化	360 元
3	人事管理制度化	360 元
4	總務管理制度化	360 元
5	生產管理制度化	360 元
6	企劃管理制度化	360 元

《主管叢書》

1	部門主管手冊（增訂五版）	360 元
2	總經理行動手冊	360 元
4	生產主管操作手冊	380 元
5	店長操作手冊（增訂五版）	360 元
6	財務經理手冊	360 元
7	人事經理操作手冊	360 元
8	行銷總監工作指引	360 元
9	行銷總監實戰案例	360 元

《總經理叢書》

1	總經理如何經營公司(增訂二版)	360 元
2	總經理如何管理公司	360 元
3	總經理如何領導成功團隊	360 元
4	總經理如何熟悉財務控制	360 元
5	總經理如何靈活調動資金	360 元

《人事管理叢書》

1	人事經理操作手冊	360 元
2	員工招聘操作手冊	360 元
3	員工招聘性向測試方法	360 元
4	職位分析與工作設計	360 元
5	總務部門重點工作	360 元
6	如何識別人才	360 元
7	如何處理員工離職問題	360 元
8	人力資源部流程規範化管理（增訂三版）	360 元
9	面試主考官工作實務	360 元
10	主管如何激勵部屬	360 元
11	主管必備的授權技巧	360 元
12	部門主管手冊（增訂五版）	360 元

《理財叢書》

1	巴菲特股票投資忠告	360 元
2	受益一生的投資理財	360 元
3	終身理財計劃	360 元
4	如何投資黃金	360 元
5	巴菲特投資必贏技巧	360 元
6	投資基金賺錢方法	360 元
7	索羅斯的基金投資必贏忠告	360 元
8	巴菲特為何投資比亞迪	360 元

《網路行銷叢書》

1	網路商店創業手冊〈增訂二版〉	360 元
2	網路商店管理手冊	360 元
3	網路行銷技巧	360 元
4	商業網站成功密碼	360 元
5	電子郵件成功技巧	360 元
6	搜索引擎行銷	360 元

《企業計劃叢書》

1	企業經營計劃〈增訂二版〉	360 元
2	各部門年度計劃工作	360 元
3	各部門編制預算工作	360 元
4	經營分析	360 元
5	企業戰略執行手冊	360 元

《經濟叢書》

1	經濟大崩潰	360 元
2	石油戰爭揭秘(即將出版)	

經營顧問叢書 (300) 售價：400 元

行政部流程規範化管理（增訂二版）

西元二〇一四年五月 增訂二版一刷

編輯指導：黃憲仁

編著：王建新

策劃：麥可國際出版有限公司（新加坡）

編輯：蕭玲

校對：劉飛娟

發行人：黃憲仁

發行所：憲業企管顧問有限公司

電話：(02) 2762-2241 (03) 9310960 0930872873

電子郵件聯絡信箱：huang2838@yahoo.com.tw

銀行 ATM 轉帳：合作金庫銀行 帳號：5034-717-347447

郵政劃撥：18410591 憲業企管顧問有限公司

登記證：行政業新聞局版台業字第 6380 號

本圖書是由憲業企管顧問(集團)公司所出版，以專業立場，為企業界提供最專業的各種經營管理類圖書。

圖書編號 ISBN：978-986-6084-97-3